杰出青少年素质培养与能力塑造经典丛书

好习惯来自
点点滴滴的积累
从我们的一言一行
开始做起……

U0732579

习惯训练书

——青少年习惯素养培训辅导

XiGuan
Xun Lian Shu

金色少年

刘方舟 编著

北岳文艺出版社

图书在版编目（CIP）数据

习惯训练书 / 刘方舟编著.—太原：北岳文艺出版社，2011.11

（青少年素质教育读本）（2012.8重印）

ISBN 978-7-5378-3631-9

Ⅰ.①习… Ⅱ.①刘… Ⅲ.①习惯性–能力培养–青年读物
②习惯性–能力培养–少年读物 Ⅳ.①B842.6–49

中国版本图书馆CIP数据核字（2011）第222055号

书　　名	习惯训练书	

编　　著	刘方舟
责任编辑	金国安
助理编辑	崔　璨
策划出版	徐献江
封面设计	宋双成

出版发行	山西出版传媒集团·北岳文艺出版社
地　　址	山西省太原市并州南路57号
邮　　编	030012
电　　话	0351-5628696（营销部）
	010-58200905 转 801（北京中心发行部）
	0351-5628688（总编办）
传　　真	0351-5628680　010-58200905 转 802
网　　址	http://www.bywy.com
E－mail	bywycbs@163.com
印刷装订	三河市杨庄第七印刷厂

开　　本	700×960　1/16
字　　数	236千字
印　　张	16.75
版　　次	2011 年 11 月第 1 版
印　　次	2012 年 8 月第 2 次印刷
书　　号	ISBN 978-7-5378-3631-9
定　　价	24.00 元

本书如有印装质量问题　由承印厂负责调换

总序

　　随着科学技术的迅猛发展，知识经济和信息时代的加速到来，以及国际化竞争的日趋激烈，立足现实、面向世界、面向未来，培养符合现代化标准的高素质人才变得迫在眉睫。当今社会，现代化人才的标准已不简单地被认为是高智商和专业化，复合型、十字形、高情商的标准被越来越多的人认可并重视，只有这样的人才能更好地融入社会，服务社会，实现自己的个人价值和社会价值。

　　青少年时期是一个十分特殊的时期，处于这个时期的孩子在生理和心理上都趋于完善，但又有许多不足，是可塑性极强的。然而几乎所有青少年在这个阶段都是敏感的、不成熟的，很容易因为一点偏差而误入歧途。因此必须抓住这个阶段对他们着力进行培养，帮助他们度过这段迷茫时期，为他们的心智成熟和全面发展打下坚实的基础，使之成为一个合格的人，也为他们在将来激烈残酷的市场竞争和人才竞争中立于不败之地打下坚实的基础。

　　有鉴于此，我们特意编写了这套《杰出青少年素质培养与能力塑造经典丛书》。丛书是按照杰出青少年的培养目标来设计和编写的，内容涵盖了青少年在成长道路上会遇到的种种问题和解决对策，有很强的实际效果和指导意义。本套丛书共六册，分别为《情商培养书》、《心灵滋养书》、《品格打造书》、《烦恼摆脱书》、《成长历练书》、《习惯训练书》，通过大量的故事和案例以及编写老师的点评与分析，使阅读此书的青少年朋友能够更好地认识自己、发展自己，充分调动起自己的主观能动性，从而更好地完善自己，让自己成为一个拥有高情商、好品格、好习惯的杰出青少年，并且在成长之路上离自己的梦想与目标越来越近。

　　我们满怀欣慰和喜悦地将这套《杰出青少年素质培养与能力塑造经典丛书》

奉献给千千万万的青少年朋友们。我们知道，本套丛书中的每个小故事都会使你对待生活更加充满激情，会使你更有信心地去追求梦想。在你遭受挫折、面临挑战和感到绝望时，这本书会给你以力量；在痛苦、彷徨和失落时，这本书会给你以慰藉。毫无疑问，它会成为你的良师益友，持续不断地为你生活的方方面面提供帮助和智慧。

当然，在社会飞速发展的当今时代，新的问题层出不穷，还有许多是我们没有考虑到的，本书编者会尽最大的努力去不断完善它、丰富它，也希望读者能够对本书提出宝贵建议，我们将积极吸取建议和意见，争取使之拥有更大的阅读价值。

本套丛书的编委会成员有主编刘方舟，编委程国安、崔晓芳、高艳茹、李广一、许文飞、张玉峰（按姓氏拼音顺序排名），感谢各位老师对本套丛书的辛勤付出，才使之能尽快与读者朋友见面。

最后说一句，放眼未来，我们期待着更高的飞跃。

目 录

第一篇 为自己的人生设定一个靶心
—— 培养设定目标、积极行动的习惯

第二篇 每天进步一点点

——培养锐意进取，积极热情的习惯

上天不会辜负每一分努力

不欺心 不欺人

第三篇 让学习变成快乐的事

——培养热爱学习，高效学习的习惯

学习能力比学习成绩更重要

习惯成自然

第四篇 珍惜你的每一分钟

——培养有张有弛，高效做事的习惯

我的时间我做主

我的学习我做主——学习时间管理

第五篇　为封闭的心墙打开一扇窗

——培养善于沟通、善于交流的习惯

第六篇 人生怎能不担当

——培养自主管理，重担责任的习惯

最终需要自己管理自己

第七篇 展现出你的微笑

——培养落落大方、彬彬有礼的习惯

良好社交需要把握分寸

第九篇 人生不可能一路坦途

——培养不畏挫折、坚韧不拔的习惯

跌倒的地方也有风景

适应者赢得成功

第一篇

为自己的人生设定一个靶心

—— 培养设定目标、积极行动的习惯

唤醒心中的巨人

认识你自己

在希腊帕希纳索斯山南坡上，有一个驰名整个古希腊的戴尔波伊神庙，据文献记载，在它的入口处，人们可以看到刻在石头上的字："认识你自己"。

现实的挑战是残酷的，如果你想适应这个社会，在这个社会上生存，你必须去面对它。相信自己，了解自己，认识自己，用百倍的勇气与信心来战胜人生道路上的种种障碍。

为什么我们应该了解自己认识自己呢？因为在这个世界上，每个人都是独一无二的，你所做的事，别人不一定能做得来。并且，你之所以是你，必定有一些与众不同的地方，而这些与众不同的地方又是别人无法模仿的。

虽然认识自己是很困难的，然而作为一个想成就一番事业的人，对自己先要有个正确的认识。比如说，你可能解不出那么多的数学难题，或记不住那么多的英文单词，但你在处理事务方面却有特殊的本领，能知人善任、排难解忧，有高超的组织能力；你的英语也许差一些，但写小说、诗歌是能手；也许你连一把椅子也画不像，但是有一副动人的歌喉；也许你不善于体育，但是有过人的棋艺。在认识到自己长处的前提下，如果每个人都能扬长避短，认准目标，把一件事情或一门学问刻苦认真地做下去，久而久之，自然就会结出丰硕的成果。鲁迅先生曾经说过，即使是一般资质的人，一个东西钻研上十年，也可以成为专家，更何况它又是你自己的长处呢？

英国著名诗人济慈本来是学医的，后来他发现了自己有写诗的才能，就当机立断，把自己的整个生命投入到写诗当中。他虽然只活了二十几岁，但他为人类留下了许多不朽的诗篇。马克思年轻时曾想做个诗人，也曾经努力写过一些诗（就是后来他自称是胡闹的东西），但他很快就发现自己的长处并不在这里，便毅然放弃做诗人的梦想，转到社会科研上面去了。如果他们两个人都不能正确认识自己，那么英国至多不过增加了一位庸医，而在国际共产主义运动史上，也肯定要失去一颗耀眼的明星。

认识你自己吧！无论什么事情都要切切实实地做，好高骛远的想法一定要排除。如果仅仅为了面子，不顾自己的特点，不自量力地非要报考某个名牌大学，有什么必要呢？生活是丰富多彩的，它需要各行各业的人才和能工巧匠都来大显神通。三百六十行，行行出状元。我们固然需要出色的科学家，但普通的劳动者我们同样需要，二者都是高尚的有用的人，并无高低贵贱之分。一个有抱负的人，也不是非成为驰名中外的大科学家或大文豪，炒菜、洗衣服、设计服装、种菜、开车、跳舞、收废品、捏面人、演戏、唱歌、说相声、送信、售货、修自行车、刻图章、养鱼等等，只要是社会上一项有益的工作，做好了都能当行家，成一门大学问，就看每个人的努力程度了。

认识你自己吧！先要认识你自己的长处。

认识自己的长处，促进自己才能的发挥，让自己投入到全新的工作和生活当中吧！

※习惯点滴※

古人早就说过："临渊羡鱼，不如退而结网。"当你认识了你自己之后，就行动起来，在你专长的道路上一步一步地走下去。倘若再观望几年，人家已经做出成绩来了，虽然说只要开始就不算晚，但人的生命是有限的，毕竟是早比晚要好。你不用到处寻找什么机会，机会就在你自己手里。

海外有一个广告，是由一群小朋友，用很可爱天真的童音录的，小朋友的对话是这样的：

小朋友甲说，如果体重只有别人的二分之一……

小朋友乙接着说，那你一定要穿得比别人鲜艳两倍！

小朋友甲再问，那身高只有别人的二

分之一的话……

有人回答说，那就要穿得比别人可爱两倍！

突然冒出另一个声音说，可是头脑只有别人的二分之一……

大家齐声道："那你最好比别人用功两倍！"接着笑声四起。

刚开始听到这段内容时，先是被小朋友的童真所吸引，然而仔细思考，其中也有着耐人寻味的道理存在。实际上，很多人对自己并不见得真正了解，即使了解自己，也不见得懂得如何掌握自我，让自己的特点作最好的调适或发挥。

先认识自己，了解自己，认清自己的优缺点，然后做有效的掌握。在实际生活中，优点可不一定是优点，缺点也不见得是缺点。

学会迅速适应新环境

每当我们面临失败时，我们都应该站在调侃自己的立场反观失败的经验，博取众人一笑，这虽是个非常难堪的做法，但却可以使自己重新挺立于众人之中。

西方人很难理解东方人的行为，那就是失败后的自我解嘲。例如，眼看就要冲进公共汽车里了，不料车门却"嗒"的一声关了起来，在这种情况下，大部分人都会噗哧一声笑了。或者有人买了好几张奖券，结果一张也没中，却一面说，一面笑了起来。西方人看到这些情景感到真是难以理解，这也难怪，因为西方人碰到此类情况，必然会顿足捶胸，非常难过。

然而，东方式的自我解嘲，却意味着独特的生活艺术。这就是用嘲笑来缓和因失败造成的失望感。

积极适应是最佳的一种适应心态，它是指人们对自己所处的环境不论是比较满意还是不满意，都能积极地生活和工作，坚持走自己的路。积极适应还包括改造性适应。所谓改造性适应就是当一个人处境不利时，能够通过主观努力，艰苦奋斗，突破环境与条件的局限，有所发展和成就。

实际上，我们要发展积极心态，树立成功心理，必然要通过积极适应环境，

❋习惯点滴❋

　　每个人的周边环境都是长期形成的，不管目前现状如何，它总是你赖以生存的基础，为你提供生活、学习和发展的基本条件。至于说它出现的不利因素，可能有一些现实的原因，也可能很快就出现在你自己身上，同样的环境别人能顺利生活，你也一样可以。

突破环境的局限才能实现。

　　要把动机社会化，就是要把自我实现与奉献社会统一起来，使自己成为社会发展的推动力之一。布鲁诺、居里夫人、爱因斯坦等伟大科学家就是这样做的。他们热爱与献身的既是自己选择的奋斗目标，又是社会发展所需要的成果。所以，他们总是坚定不移，以苦为乐，把艰苦奋斗看作是自己的精神享受。

　　不论我们处于何种境地，都要正视现实，接受不可改变的事实，即使身处逆境，也不必怨天尤人，大惊小怪。

　　任何社会环境中都有人活得不如意。美国人也不是个个都活得比中国人自在。富翁、高官、名流之中，也有人整天苦恼。所以，首要的问题就是要懂得适应目前的环境。

严格要求自己需要一种勇气

　　一个人若不能控制自己的头脑，总被其他各种思想干扰左右的话，这样的头脑就成了大杂烩。

　　会限制自己的人，就会发展自己；会发展自己的人，也会限制自己。比尔·盖茨说："坚持自己该做的事情，是一种勇气。绝对不做那些良知不允许的事，是另一种勇气。"有了这种勇气，我们就能向着预定的目标，选择该做的事，舍弃不该做的。

　　限制自己是一种强制行为，它不仅表现在对精力的运筹上，还表现在对时间的调度上；不仅表现在对其他专业兴趣的控制，也表现在对娱乐活动、应酬方面的限制。人的生命是有限的，它经不起折腾和浪费。

限制自己需要顽强的意志和毅力，这种意志是一个逐步积累的过程。平时，要从调节自己的情绪起步。能以自己的思绪控制其行动的人是弱者；反之，能用行动来控制自己思绪的人，则是强者。

如果我觉得沮丧，我就唱歌；如果我觉得悲伤，我就大笑；如果我觉得无法胜任，我就想想过去的成就；如果我觉得无足轻重，我就想想我的目标。

经常注意将情绪调整到较佳的位置，久而久之，就能增强自己的聚焦意志，使聚焦效应结出丰硕的果实。

1944 年 7 月 31 日，豪威尔在纽约大使酒店突然身亡的消息震惊了全美，华尔街更是骚动不已，因为他不仅是美国财经界的领袖，还曾担任美国商业信托银行董事长，兼任几家大公司的董事。但是，他受的正式教育很有限，在一个乡下小店当过店员，后来当过美国钢铁公司信用部经理，并一直朝更大的权力地位迈进。

在谈到其成功的秘诀时，豪威尔说："几年来我一直有个记事本，登记一天中有哪些约会。家人从不指望我周末晚上会在家，因为他们知道，我常把周末晚上留做自我检察，评估我在这一周中的工作表现。晚餐后，我独自一人打开记事本，回顾一周来所有的面谈、讨论及会议过程。我会自问'我当时做错了什么'；'有什么是正确的？我还能干什么来改进自己的工作表现'；'我能从这次经验中吸取什么教训'等问题。这种每周检讨有时弄得我很不开心。有时我几乎不敢相信自己的莽撞。当然，年事渐长，这种情况倒是越来越少，我一直保持这种自我分析的习惯，它对我的帮助非常大。"

豪威尔的这种做法可能是向富兰克林学习的。不过富兰克林并不等到周末，他每晚都自我反省。他发现过十三项严重的错误。其中三项是：浪费时间、关心琐事及与人争论。睿智的富兰克林知道，不改正这些缺点是成不了大业的。所以，他一周把一个要改进的缺点作目标，并每天记录赢的是哪一边。下一周，他再努力改进另一个坏习惯，他一直与自己的缺点奋战，整整持续了两年。

所以富兰克林会成为全美国受人爱戴且极具影响力的人物。

在成功学大师卡耐基的私人档案柜里有一份特别的卷宗，内容都是"我做过的傻事"。有的时候，卡耐基会口述这些事给秘书记录，不过有时某些事情委实"傻"得太厉害了，卡耐基都不好意思说出口，只好自己动手记下来。

如果卡耐基够诚实，这样的卷宗恐怕早就需要成立专柜了。就像3000年前所罗王说过的话："我当过傻瓜，犯过无数错。"

每当卡耐基翻阅这份卷宗，重读自己对自己的按语时，就像有一面镜子摆在那里，让他看清自己的真相。

拿破仑被放逐之后说："必须为我的没落负责任。我是我自己最大的敌人——我所有不幸的根源。"

依靠自己解决问题

一位卖馅饼的师傅对老酷说："我从来不等着天上掉馅饼：第一，天上绝对不会掉馅饼；第二，即使天上掉馅饼，也未必会被我捡到，它不是被人抢走，就是砸破我的脑袋。所以我做了自己的职业选择：自己做馅饼。"

从前，有个放牛娃上山砍柴，突然遇到老虎袭击，放牛娃吓坏了，抓起镰刀就跑。然而，前方已是悬崖！老虎却在向放牛娃逼近。为了生存，放牛娃决定和老虎决一胜负。就在他转过身面对张开血盆大口的老虎时，不幸一脚踩空，向悬崖下跌去。千钧一发之际，求生的本能使放牛娃抓住了半空中的一棵小树。这样就能够生存了吗？上面是虎视眈眈，饥肠辘辘的老虎，下面是阴森恐怖的深谷，四周到处是悬崖峭壁，即使来人也无法救助。吊在悬崖中的放牛娃明白了自己的处境后，禁不住绝望地大哭起来。

这时，他一眼瞥见对面山腰上有一个老和尚正经过这里，便高喊"救命！"老和尚看了看四周的环境，叹息了一声，冲地喊道："贫僧没有办法呀。看来，只有你自己才能救自己啦！"

放牛娃一听这话，哭得更厉害了："我这副样子，怎么能救自己呢？"

老和尚说："与其那么死揪着小树等着饿死，摔死，不如松开你的手，那毕竟还有一线希望呀！记住：你只能靠你自己！"说完，老和尚叹息着走开了。放牛娃又哭了一阵，还骂了一阵老和尚见死不救。天快要黑了，上面的老虎算是盯准了他，死活不肯离开。放牛娃又饿又累，抓小树的手也感到越来越没有力量。怎么办？放牛娃又想起了老和尚的话，仔细想想，觉得他的话也有道理。是啊，现在只能靠自己了。这么下去，只能是死路一条，而松开手落下去，也许仍然是死路一条，但也许有获得生存的可能。既然怎么都是个死，不如冒险试一试。

于是，放牛娃停止了哭喊，他艰难地扭过头，选择跳跃的方向。他发现万丈深渊下似乎有一小块绿色，会是草地吗？如果是草地就好了，也许跳下去后不会摔死。他告诉自己："怕是没有用的，只有冒险试一试，才能获得生存的希望。"他咬紧牙关，在双脚用力蹬向绝壁的一刹那松开了紧握小树的手。身体飞快地向下坠落，耳边有风声在呼呼作响，他很害怕，但他又告诉自己绝不能闭上眼睛，必须瞪大眼睛选择落脚的地点。奇迹出现了——他落在了深谷中唯一的一小块绿地上！

后来，放牛娃被乡亲们背回家养伤。两年以后，他又重新站立了起来。在当时的情况下，没有人能救得了他，他只能靠自己。

在形形色色的俗语中，有一句话是不少人特别是不少年轻人耳熟能详的："在家靠父母，出门靠朋友"。

诚然，人生在世，总要或多或少地依靠来自自身以外的各种帮助——父母

※习惯点滴※

郑板桥曾经说过，滴自己的汗，吃自己的饭。自己的事，自己干。靠天靠地靠祖上，不算是好汉。这虽然算不上为人处世的金科玉律，但却阐释了一个铁律：千靠万靠，不如自靠——天地万物之间，最能依靠的人是你自己。天上不会掉下馅饼，与其等待馅饼，不如靠自己做馅饼。

的养育，师长的教诲，朋友的关爱，社会的鼓励……可以说，人从呱呱坠地那一刻起，就已开始接受他人给予的种种帮助，所"依"甚广，所"靠"甚多。然而，"在家靠父母，出门靠朋友"的"靠"，已经远远超出和大大脱离了一个人需要外部力量帮助这种正常之"靠"，而演变成"唯父母和朋友是靠"的依赖心理，把自己立身于社会的希望完全寄托在父母和朋友的身上。

信奉"在家靠父母"的人，往往是那些生活上不能自理而饭来张口衣来伸手，或者事业上不能自立而离不开父母权力、地位和金钱支撑的人。这样的人，显然不可能在生活上自立自强、在事业上有所作为。这里，有必要重温一下小仲马的故事。

小仲马写作之初，寄出的稿件连连石沉大海，父亲大仲马对他说："你寄稿时给编辑先生附上一封信，说我是大仲马的儿子，也许情况就会好多了。"可小仲马不但坚决拒绝以父亲的盛名作自己事业的敲门砖，而且不露声色地给自己取了十几个笔名，以免编辑把他和父亲联系起来。经过坚忍不拔的努力，他终于取得了成功——长篇小说《茶花女》一炮打响，成为传世之作。可以想象，假如小仲马当年依靠父亲的名气从事创作，或许能发表一些作品，却断然不会创作出如此不朽之作。

信奉"出门靠朋友"的人，往往是那些热衷于拉关系，走捷径，把哥儿们义气看得比什么都重要的人。这些人在处理人际关系时相信朋友决定一切，依靠朋友可以成就一切。于是，为了交朋友靠朋友，常常不讲原则，甚至置法纪于不顾。

传媒披露过这样一件事：几位"两肋插刀"的朋友合伙做生意，对"自己人"毫无约定，对其他人又缺乏诚信，一切经营活动都建立在朋友间"互相信任"的口头承诺上，结果开张不久便严重亏损，原来以铁哥儿们相称的朋友在区分责任争夺资产时，互相指责甚至拳脚相向，顷刻间变成了势不两立的冤家仇人。事实说明，缺乏法律保障和原则维系的"朋友"关系，终究是靠不住的。

从小自力更生

作为著名的"极借学"的创始人，前捷克斯洛伐克分析化学家海洛夫斯基童年时代就具有非凡的想象力，并爱好音乐，喜欢弹钢琴，酷爱足球和登山等体育运动。

1914年海洛夫斯基获伦敦大学理学学士学位，1918年获该校哲学博士学位。1926～1954年，任布拉格大学教授。1950年为捷克斯洛伐克科学院创办极谱研究所，并任所长。1952年当选为捷克斯洛伐克科学院院士。1965年被接纳为英国皇家学会外国会员。曾任伦敦极谱学会理事长和国际纯粹与应用物理学联合会副理事长。

1922年海洛夫斯基以发明极谱法而闻名于世。1924年与志方益三合作，制造了第一台极谱仪。极谱法是一种具有多种用途的分析技术，通过测定电解过程中所得到的电流电位（或电位时间）曲线来确定溶液中欲测成分的浓度。这种分析方法具有迅速和灵敏的特点，绝大部分化学元素都可以用此法测定。此法还可以用于有机分析和溶液反应的化学平衡和化学反应速率的研究。1941年海洛夫斯基将极谱仪与示波器联用，提出示波极谱法。海洛夫斯基主要著作有《极谱法在实用化学中的应用》（1933）和《极谱学》（1941）等，其中不少著作被译成多国文字在世界各地出版发行。

海洛夫斯基不仅在捷克国内有着很高的声望，在世界上也有着广泛的影响。与我国学术界也有着友好而深厚的学术交流感情，1958年，他偕同儿子米歇尔·海洛夫斯基一起来我国访问以及进行讲学。

海洛夫斯基是第一个获此殊荣的捷克斯洛伐克人，他为自己和祖国赢得了巨大的荣誉。他所以能够取得这样的成就，与他从小就热爱科学，认真学习，总是亲自进行实验，对观察到的各种现象善于给以恰当的解释是分不开的，当然这与父母的指导也有很大的关系。

海洛夫斯基很小的时候，就表现出了他的聪明才智。他的父亲普德是费迪南德大学的罗马法教授，也是一位著名的律师，对孩子们的要求非常严格，希望他们能够早日成才。母亲克莱拉很为她的三个女儿和两个儿子感到自豪，是个慈祥的母亲，对他们的生活给予无微不至的关怀。海洛夫斯基和他的姐姐弟弟们过着非常快乐的童年。

有一天，小海洛夫斯基从学校回来时愁眉苦脸的，吃晚饭的时候也是心不在焉，只低着头吃饭，没吃几口菜。妈妈发现他有不开心的事，给他添了些菜，并问是否可以帮忙做点什么。小海洛夫斯基才惊醒过来，抬起头看看大家，红着脸说："没什么，只不过老师布置的一道题我做错了，可我找不出错在哪儿。""亲爱的孩子，你要记住，无论做什么事都要专心，先吃饭吧。"爸爸也发话了，小海洛夫斯基点了点头，先乖乖地吃完了饭。

饭后妈妈建议出去散散步，呼吸点儿大自然的新鲜空气。小海洛夫斯基和妈妈一起欣赏大自然美妙的景色。青山如黛，千变万幻的云朵分外美丽，清澈透明的溪流，蜻蜓在草丛间飞来飞去，捕捉着小虫，风中带着醉人的气息……他心情逐渐轻松起来，学校里的紧张也渐渐消除，脑子也灵活起来。散步归来，他又精神抖擞了，坐下来开始做那道做错的题。时间一点点地过去，时钟"嘀嗒嘀嗒"地响着，只听见小海洛夫斯基写字的"沙沙"声和翻书声。

外面姐姐弟弟们正在玩着他们平常最爱玩的游戏，一阵又一阵的欢笑打闹声从门缝传进来，弟弟敲着他的门过来邀请他参加游戏，小海洛夫斯基从沉思中回过神来，但仍表示要继续做题。姐姐也跑过来让他一起玩，边说边走进去看他做的题目，看见凌乱地放在桌上，写满了各种算式及图形的草稿纸，就知道他在做数学

❋习惯点滴❋

自强自立的人是最值得尊敬的！只有自立，在解决问题时才会不等不靠，保持一种积极的心态，全力以赴去自理一件事情，而这也正是解决问题的不二法则。

题，惊奇地问他："海洛夫斯基，你的数学与物理向来都很好呀，怎么会被难住呢？我帮你算出来吧，那样你就可以玩了。"姐姐热心地说。"不，姐姐，我要自己把它算出来，你们先去玩吧，我一会儿就可以了。我已经找出一处可能错的地方了，我不大熟悉这种方法，有个地方可能不小心弄错了，我自己能行的，让我自己来吧。"小海洛夫斯基自信地向他们保证。就在这时他找对了思路，只见他嘴边露出一丝微笑，在一张白纸上胸有成竹地重新演算起来，他拿着笔很流畅地在纸上"沙沙"地写着，一步，再有一步，他飞快地算着答案，哈，终于演算出来了，他收拾好东西安心地加入到姐弟们的游戏当中。爸爸看到他露出了满意的笑容："孩子，做得好，你会成功的。"凭着这种精神，海洛夫斯基孜孜不倦地向科学高峰攀登……

行动是最好的格言

机遇不会总是停下等你

常常听到有人说："如果给我一个机会，我也能……"他们把自己的命运系在一个等来的机会上，当然不会成功。如果把人生的旅程比喻成流水，那么它就有时会顺流直下，一泻千里；有时也会在原地打转，很长时间才移动一小步；有时甚至完全静止不动。如果你只是随波逐流，任凭风向和流速决定自己的前途和命运，那么无疑是悲哀的。你应该靠自己的能力去应对风向、水流的变化，不要总待在静水处安然自得。加入到激流中去，去寻找新的机遇，寻找更大的机会，你就能用自己的力量高扬杰出的风帆。

机遇对每个人都是公平的，但为什么有的人总是能频频抓住机遇使自己成功，而有的人却对机遇视而不见无动于衷呢？

机会常常有，结伴而来的风险其实并不可怕，就看你有没有勇气抓住机遇。

有一年，但维尔地方经济萧条，不少工厂和商站纷纷倒闭，被迫低价抛售自己堆积如山的存货，价钱低到1美金可以买到100双袜子。

约翰·甘布士是一家织造厂的小技师，当他把自己的积蓄用于收购低价货物时，人们都嘲笑他是个蠢才！

约翰·甘布士对别人的嘲笑漠然置之，依旧收购各工厂抛售的货物，并租了一个很大的货场来贮货。他的妻子劝他，不要再收购这些别人廉价抛售的东西，因为他们历年积蓄下来的钱数量有限，而且这笔钱是准备用作子女教养费的，如果此项生意血本无归，那么后果便不堪设想。对于妻子忧心忡忡的劝告，甘布士笑着安慰她道："三个月以后，我们就可以靠这些廉价货物发大财。"过了十多天后，那些工厂找不到买主了，便只好把所有存货用车运走烧掉，以此稳定市场上的物价。妻子看到别人已经在焚烧货物，不由得

焦急万分，抱怨起甘布士。对妻子的抱怨，甘布士一言不发。两个月后，美国政府终于采取了紧急行动，稳定了但维尔地方的物价，并且大力支持那里的厂商复业。但维尔地方因焚烧的货物过多，存货欠缺，物价一天天飞涨。这时，约翰·甘布士马上把自己库存的大量货物抛售出去，一来赚了一大笔钱，二来使市场得以稳定，不至于暴涨不断。当初他决定抛售货物时，妻子曾劝告他暂时不忙把货物出售，因为物价还在一天一天飞涨。他平静地说："是抛售的时候了，再拖延一段时间，就会后悔莫及。"果然，甘布士的存货刚刚售完，物价便跌了下来。他的妻子对他的远见钦佩不已。后来，甘布士用这笔赚来的钱开设了五家百货商店，业务也十分发达。

如今，甘布士已是全美举足轻重的商业巨子了，他在一封给青年人的公开信中诚恳地说道："亲爱的朋友，我认为你们应该重视那万分之一的机会，因为它将给你带来意想不到的成功。有人说，这种做法是傻子的行径，比买奖券的希望还渺茫。这种观点是有失偏颇的，因为开奖券是由别人主持，丝毫不由你主观努力，但这种万分之一的机会，却完全是靠你自己的主观努力去争取的。"

这个故事充分地说明了杰出者的思维方式，说明他们是怎样抓住机遇的。

机会：要么等待，要么创造

罗丹说："生活并不是缺少美，而是缺少发现美的眼睛。"同样，生活并不缺少机遇，而是缺少发现机遇、抓住机遇的能力。如果有了很强的能力，即使生活没有机遇，也能创造机遇。

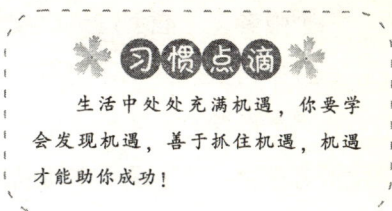

　　一个强者，总能创造出成功的契机。因为强者总是以无所畏惧的姿态活跃于社会的各个层面，在不知不觉中就成了创造机会、发现机会和利用机会的专家。

　　在当今世界的经济界，几乎无人不知比尔·盖茨。这位毛头小伙子原是身无分文的穷学生，几乎是一夜间成长为世界首富，其机遇正是来自于智慧。

　　比尔·盖茨，1956年出生于美国西雅图郊外的华盛顿湖畔。母亲玛丽是一位社会活动家，父亲是一位著名的律师。

　　小盖茨真是个天才，从小酷爱读书。他所买的书不只是童话和小人书，而以成人作品居多。他最喜欢连续几个小时阅读《世界图书百科全书》，其热情和兴趣非常人能比。盖茨是个精力旺盛、非常好动的孩子。

　　1972年，盖茨和艾伦创立了交通数据公司。1973年秋，盖茨考入哈佛大学，被获准同时攻读本科和研究生课程，允许任意选修数学、物理和计算机的课程。在此之前，盖茨被公认为是数学天才，他也曾一度想成为一名数学家，但到了哈佛之后，他很快发现有人比他还有数学天分，这曾使他感到沮丧。于是一门心思钻研电脑，认定这是自己的成功之路。这期间，他同艾伦一起编制了BASIC程序。这一成功使盖茨和艾伦非常高兴。盖茨心中豁然开朗，他意识到他真正的兴趣在于计算机，他的使命在计算机，他的未来在计算机。从某种程度上讲，他来到世界上就是为了开创一个新的产业，为人类开辟一个新的天地。后来，在艾伦三天两头的劝说下，盖茨动摇了读完哈佛的信念，在大三时退学，与艾伦一起创办了微软公司。

　　随着微软的发展，盖茨大力收拢人才，公司的业务越来越好。在此基础上，盖茨确定了向"应用软件"进军的企业发展战略，从而使微软产品成为软件产品行业的标准。

❋习惯点滴❋

　　机遇是创造主体主动争取来的，主动创造出来的，它绝非上苍的恩赐。机遇是珍贵而稀缺的，又是极易消逝的。你对它怠慢、冷落、漫不经心，它也不会向你伸出热情的手臂。主动出击的人，易俘获机遇；守株待兔的人，常与机遇无缘，这是普遍的法则。你若比一般人更显出主动和热情的话，机遇就会向你靠拢。机遇最喜爱善于进攻有挑战性格的人，并乐意为其"效劳"。

1986 年 3 月 13 日上午，微软股票正式上市，开盘价 25.17 美元，立即成为抢手货。一年后，微软股票已冲至每股 90.75 美元，31 岁的盖茨因其持股而成为亿万富翁。

1995 年，美国《福布斯》杂志把盖茨列为该年度世界十大富豪之首，在计算机世界的搏击中，他聚集了近 400 亿美元的巨额资产。他拥有的不仅是金钱，更重要的是他领导并开创了个人电脑领域的新篇章，他是我们这个时代的爱迪生和福特。从一位技术人员成长为企业家，他体现的是数字化时代。

盖茨最喜欢的一句名言："即使把我全身剥光，一个子儿也不剩，扔在沙漠中心，但只要有两个条件——给我一点时间，并让一支商队路过，不需多久，我又会成为亿万富翁。"

比尔·盖茨的巨额财富，让人产生深深思考。劳动创造财富，这是从古至今人人皆知的道理。令人感兴趣的是这种迅速扩大的财富来源，它没有大规模的生产，没有大规模的原材料消耗，没有大规模的产品堆积，它拥有的资源是知识和人的智慧。"开发部"是微软的核心，每个人拥有一个大约只有五平方米的办公室，除了一把椅子和 4~5 台电脑外，几乎见不到其他任何东西；它所进行的国际贸易基本是无形的，但价值与作用却难以描述；它的用户散布到世界各地，数以百万计，而且还在日益增加。

盖茨作为世界首富，他的成功说明，现代社会是智慧创造财富，而不单纯是机器、设备、原材料创造财富。这昭示着在知识经济社会里，自然资源的作用已远不如以前，知识的积累和智慧成为创造财富更为有效的因素。

下面讲述了一则拿破仑对待"时机"的小故事。当拿破仑率领军队向阿尔卑斯山进发前，所有的士兵和装备都经过严格细心的检查。破的鞋，穿洞的衣服，坏了的武器，都马上修补或更换。一切就绪，然后部队才前进。统帅的精神鼓舞着战士们。

"从这条路走过去可能吗？"拿破仑问那些被派去探测伯纳称之为死亡之路的工程技术人员。"也许吧。"回答是不敢肯定的，"它在可能的边缘上。"

"那么，前进！"小个子不理会工程人员讲的困难，下了决心。

战士皮带的闪光，出现在阿尔卑斯山高高的陡壁上，出现在高山的云雾中。每当军队遇到特殊困难的时候，雄壮的冲锋号就会响彻群山之巅。尽管在这危险的攀登中到处充满了障碍，致使队伍延长到30公里，但是他们一点儿不乱，也没有一个人掉队。四天之后，这支部队突然出现在意大利平原上了。

强者所以能成为强者，就是因为他们往往能够抓住那些稍纵即逝的机会。拿破仑的军队就是这样。在别人看来是不可能的事，在拿破仑那里都变成了活生生的现实。这是因为拿破仑看到了只有强者才能战胜的困难，看到了只有强者才能把握的机会。从而突破各种困难，牢牢地把握了战局。

一个机遇的巨浪卷来，有人乘浪头扶摇直上，有人仍旧停留在波浪的谷底。随着机遇的翻滚，人际之间，财富的多寡，身份的高低，不断在发生变化。机遇每来一次，个人乃至社会的面貌都会改写一次。

机遇影响一个人的升沉起伏，同时也在重新划分人际之间高低上下的地位。

个人的成功，得靠当事人长期刻苦奋斗，侥幸成功的事例毕竟不多。因此，我们不宜过分夸大机遇的重要性。另一方面，社会面貌的变化，是政治、经济、社会各种变化交互作用的结果，有着甚为复杂的因素。

培根指出："智者所创造的机会，要比他所能找到得多。"其实，在主动进取的人面前，机会完全是可以"创造"的。只是消极等待机会，这是一种侥幸的心理。

人不仅要把握机遇，更需千方百计，伸长触角，张大触须，创造机遇。走向成功的人，绝不是一个逍遥自在没有任何压力的观光客，而是一个积极投入持之以恒的参与者。善于制造机遇，并张开双臂迎来机会的人，最有希望与成功为伍。积极创造机遇，也正是现代人必须具备的人生态度。

机遇偏爱有准备的人

斯宾塞·约翰逊说，在追求成功的过程中你如果能在机遇来临之前就识别它，在它溜走之前就采取行动，那么，幸运之神就会光顾你。

要想做到见机而动，必须善择良机。良机不可能赤裸裸地放在我们的面前，它常常被复杂变幻的迷雾所掩盖。为此，必须养成审时度势的习惯，随时把握客观形势及其各种力量对比的变化，透过现象，发现本质，这样，才能及时抓住时机。

1865 年，美国南北战争宣告结束。北方工业资产阶级战胜了南方种植园主。

后来成为美国商业钢铁巨头的卡耐基预料到，战争结束之后，经济复苏必然降临，经济建设对于钢铁的需求量便会与日俱增。

于是，他义无反顾地辞去铁路部门报酬优厚的工作，合并由他主持的两大钢铁公司——都市钢铁公司和独眼巨人钢铁公司，创立了联合制铁公司。

同时，卡耐基让弟弟汤姆创立匹兹堡火车头制造公司和经营苏必略铁矿。

后来，卡耐基买下了英国道兹工程师"兄弟钢铁制造"专利，又买下了"焦炭洗涤还原法"的专利。

他这一做法不乏先见之明。

1873 年，经济大萧条不期而至。

银行倒闭，证券交易所关门，各地的铁路工程支付款突然被中断，现场施工戛然而止，铁矿山及煤山相继歇业，匹兹堡的炉火也熄灭了。

卡耐基断言："只有在经济萧条的年代，才能以便宜的价格买到钢铁厂的建材，工资也相应降低。其他钢铁公司相继倒闭，向钢铁挑战的东部企业家也已鸣金收兵。这正是千载难逢的好机会，绝不可以与之失之交臂。"在最困难的情况下，卡耐基却反常人之道，打算建造一座钢铁制造厂。

他走进股东摩根的办公室，说出了自己的新打算："我计划进行一个百万元规模的投资，建贝亚默式五吨转炉两座。旋转炉一座，再加上亚门斯式五吨熔炉两座……"

"那么，工厂的生产能力会怎样呢？"摩根问道。

✳习惯点滴✳

机遇并不是赐给每个人的。机遇只偏爱那些有准备的人，只垂青那些深谙如何追求它的人，只赐给那些自信必能成功的人。

"1875年1月开始工作，钢轨年产量将达到3万吨，每吨制造成本大约69万美元……"

"现在钢轨的平均成本大约是110万美元，新设备投资额是100万美元，第一年的收益就相当于成本……"

"比股票投资还赢利。"卡耐基补充了一句。

股东们同意发行公司债券。

工程进度比预定的时间稍为落后。1875年8月6日，卡耐基收到第一个订单，2000支钢轨。熔炉点燃了。

每吨钢轨的制成劳务费8.26美元，原料486美元，石灰石和燃料费6.31美元，专利费1.17美元，总成本不过才56.6美元。

这比原先的预计便宜多了。卡耐基兴奋不已。

1881年，卡耐基与焦炭大王费里克达成协议，双方投资组建F．C佛里克焦炭公司，各持一半股份。

同年，卡耐基以他自己三家制铁企业为主体，联合许多小焦炭公司，成立了卡耐基公司。

卡耐基兄弟的钢铁产量居全美的七分之一，正逐步向垄断型企业迈进。

1890年，卡耐基兄弟吞并了狄克仙钢铁公司之后，一举将资金增加到2500万美元，公司名称也变为卡耐基钢铁公司。不久之后，又更名为US钢铁企业集团。

善抓机遇，坚忍不拔的卡耐基终于取得了成功。有人把机遇称为运气，不管称谓如何，有一点是绝对的，即善于利用机遇比怨天尤人更为有益。

机遇稍纵即逝，犹如白驹过隙，它是明察善断者不断进击的鼓点，是长夜中士兵即刻开拔的号角。任何犹豫都与它无缘，都不能开启胜利的窗户。机不可失，时不再来，在进退之间，不能把握时机者，必将一事无成，蹭蹬终身。

学会选择机会

爱默生说："所谓优秀的人，乃是指具有正确敏锐的判断力的人。掌握人们行为的方向，就是所谓的判断力。而它就像轮船上的指南针，随时测定航向。"

假若我们能时时反省自己的行为，那就不至于迷失方向。

没有人能对任何事情，加以完全正确的判断；但重要的是，以冷静的态度，来思索自己的判断是否正确，然后从中修正训练自己的判断能力。

两名樵夫去山中打柴，发现两大包棉花，两人喜出望外，棉花的价格高过柴薪数倍，将这两包棉花卖掉，足可供一家人一个月衣食无虑。当时两人各自背了一包棉花，便赶路回家。

走着走着，其中一名樵夫眼尖，看到山路上有一大捆布，走近细看，竟是上等的细麻布，足足有十多匹。他欣喜之余，和同伴商量，一同放下肩上的棉花，改背麻布回家。

他的同伴却有不同的想法，认为自己背着棉花已走了一大段路，到了这里却丢下棉花，岂不枉费自己先前的辛苦，坚持不愿换麻布。先前发现麻布的樵夫屡劝同伴未果，只得自己竭尽所能地背起麻布，继续前行。

又走了一段路后，背麻布的樵夫望见林中闪闪发光，走近一看，地上竟散落着数坛黄金，心想这下真的发财了，赶忙邀同伴放下各自肩头的麻布及棉花，改用挑柴的扁担来挑黄金。

他的同伴仍是那套不愿丢下棉花以免枉费辛苦的论调，并且怀疑那些黄金不是真的，劝他不要白费力气，免得到头来一场空欢喜。

发现黄金的樵夫只好自己挑了两坛黄

✹习惯点滴✹

放掉无所谓的固执，冷静地用开放的心胸去作正确的选择。每次正确无误的选择将指引你永远走在通往成功新境的坦途上，你的英明决策会使你事半功倍的。

金，和背棉花的伙伴赶路回家。走到山下时，无缘无故下了一场大雨，两人在空旷处被淋了个透。更不幸的是，背棉花的樵夫肩上的大包棉花，吸饱了雨水，重得无法再背得动，那樵夫不得已，只能丢下一路舍不得放弃的棉花，空着手和挑金的同伴回家去。

面对机会的来临，人们常有许多不同的选择方式。有的人会单纯地接受；有的人保持怀疑的态度，站在一旁观望；有的人固执地不肯接受任何新的改变。而不同的选择，当然导致截然不同的结果。许多成功的契机，在起初未必能让每个人都看得到它的雄厚潜力，在起初之际抉择的正确与否，往往便决定了成功与失败的分界。

在人生的每一次关键时刻，谨慎地运用你的知识，作最正确的判断，选择属于你的正确方向。同时别忘了随时检视自己选择的角度是否产生偏差，适时地给予调整，千万不能像背棉花的樵夫一般，只凭一套哲学，便欲强渡人生所有的关卡。

时刻留意自己所执著的意念，是否与成功的法则相抵触；追求成功，并非意味着你必须全盘放弃自己的执著，而来迁就成功法则。只需你在意念上作合理的修正，使之符合成功者的经验及建议，即可走向成功之道。

失败了并不可怕

失败可使强者更强，勇者愈勇，但它也可能使弱者更弱，甚至一蹶不振。

著名的电台广播员莎莉·拉菲尔在她的 30 年职业生涯中，曾被辞退 18 次，可是她每次都放眼最高处，确定远大的目标。最初由于美国大陆的无线电台认为女性不能吸引听众，没有一家肯雇佣她。她好不容易在纽约的一家电台谋到一份差事，不久又遭辞退了，说她跟不上时代的步伐。莎莉并没有因此灰心丧气，她总结了失败的教训后，又向国家广播公司电台推销她的畅谈节目的构想。电台勉强答应了，但提出要她在政治台主持节目。"我对政治所知不多，恐怕很难成功。"她也一度犹豫，但坚定的信心促使她去大胆地尝试了。她对广播早已是轻车熟路，于是她利用自己的长处和平易近人的作风，大谈 7 月 4 日国庆节对她自己有何意义，还请听众打电话来畅谈他们的感受。听众立刻对这个节目产生兴趣，她也因此一举成名了。如今，莎莉·拉菲尔已成为自办电视节目的主持人，曾两度获奖。她说："我被辞退 18 次，本来可能被这些厄运所吓退，做不成我想做的事情。结果相反，我让它们鞭策我勇往直前。"

事实证明：在激烈的社会竞争中仍能立于不败之地的那些成功者，就是那些面对失败毫不退缩，勇往直前，敢于正视现实的人，他们把指令当成一种鞭策，一种激人奋进的力量。

社会在飞速地发展，如果你稍一疏忽，就有可能被社会淘汰，适者生存，不适者被淘汰，这就是社会发展的规律，全世界上的任何事物都在时时刻刻地发生着改变。如果你跟不上社会的步伐，你很可能会被社会抛得越来越远。

机会无处不在

机会无处不在，要时刻寻找机会。当机会降临时要果断，及时把握它，当机会握在手中时，要善于充分利用它，并去争取成功。

想要获得成功，应善于发现机会，挖掘机会。如果对机会女神的来访一无所知，失之交臂，终将悔之晚矣。俗话说："通往失败的路上处处是错失了的机会。"

要发现机会，寻找机会。首先，要有开阔的胸怀、广阔的视野，把眼光放在更广阔的领域，而不是局限于某个狭小的范围内或某个单纯的渠道上。其次，要善于分析，"拨开乌云见太阳"。

机会常常改装打扮以问题面目出现，如对某一重要问题的解决本身就为成功提供了良机。再次要乐观，不要仅看到眼前的问题，而要发现问题后面的机会。美国著名行为学家魏特利博士说："悲观者只看见问题后面的问题，乐观者却看见问题后面的机会。"当然，发现机会是以主体自身的才能和努力为前提的。

宋太宗时，朝廷发生了"潘杨之案"。"潘杨"指的是潘仁美与杨延昭，一个系开国世臣，堂堂国舅；一个系镇边大帅，世代忠良。这个案子在当时是一个烫手的山芋，谁也不敢去接，生怕一招不慎，轻者革职流放，重者凌迟处死、株连九族。

当时的晋阳县县令寇准却发现这是一个升迁的好机会，他认为这个案子如果办好，可望升为南太御史甚至宰相，官运亨通。于是寇准果断地接下"潘杨之案"，并实事求是地公正决断，深得上下的信任与赏识，终于升为宰相。

发现机会，不要只盯住眼前的一切，还要注意背后的东西。另外，成功往往与冒险是一对孪生兄弟，如果不敢冒险，遇到困难绕着走，那困难背后的甘果就不会被你摘取，而你也只能平平庸庸地渡过自己的一生。不入虎穴，焉得虎子，对于许多成功者来说，往往因为他们敢于冒险，最终获得成功。

人们常犯的错误是，在机会来到的时候，患得患失，犹豫不决。

在美国独立战争中，有一次，南军总司令罗伯特·李被逼到波托马克河边，此时，正值河水猛涨。前有大河，后有追兵，使这位司令陷入穷途末路的境地。这是彻底消灭南军结束战争的最好时机。但是，波托马克河战区的指挥官未德却优柔寡断。他不但直接违背林肯总统的指令，召开军事会议讨论，而且申诉种种理由拒绝向南军进攻。结果，河水退了，罗伯特·李带着残部渡过了波托马克河。

立志于社会竞争的人们，一定要彻底杜绝犹豫不决的弱点。不要总盯着可能有的一点点风险，举足不前，要培养自己见机行动的能力！

属于成功类型的人，下决心时十分果断，却不轻易更改决定。不管外在环境多么恶劣，都能坚守决定。

相反，失败者的特质则是踌躇犹豫难下决定。而且容易受他人影响，经常更改决定。

简单地说，成功者果决勇敢，失败者优柔寡断。是否能断然痛下决心，为什么会是好运、厄运的关键呢？因为这关系到人心的向背。也就是说，果决的人富有吸引人的魅力，优柔寡断的人则常令人失望地离去。

善于抓住机遇是人生的大智慧

1981 年，英国王子查尔斯和黛安娜要在伦敦举行耗资十亿英镑，轰动全世界的婚礼。

消息传开，伦敦城内及英国各地很多工商企业都绞尽脑汁想利用这一千载难逢的发财机遇。有的把糖盒面印上王子和王妃的照片，有的把各式服装染印上王子和王妃结婚时的图案。但在诸多的经营者中，谁也没赚过一家经营"望远镜"的商号。这位老板想，人们最需要的东西就是最赚钱的东西，一定要找出在那一天人们最需要的东西。

盛典之时，要有百万以上的人观看，将有一多半人由于距离远，而无法一睹王妃尊容和典礼盛况。这些人那时最需要的不是购买一枚纪念章、买一盒印有王子和王妃照片的糖，而是一副能使他们看清人和景物的望远镜。于是他突击生产了几十万副马粪纸和放大镜片制成的简易望远镜。

那一天，正当成千上万的人由于距离太远看不清王妃的丽容和典礼盛况、急得抓耳挠腮之际，千百个卖童突然出现在人群中，高声喊道："卖望远镜了，一英镑一个！请用一英镑看婚礼盛典！"顷刻间，几十万副望远镜被抢购一空。不用说，这位老板发了笔大财！

机遇对任何人都是平等公正的，就看谁抓得准用得好。其实，在这个事例中，众多的英国工商企业也不是没抓到机遇，只是不如生产简易望远镜的那位老板机遇抓得准罢了。说到底还是那位老板比别人研究得更细一层，他看准了那一天人们最大的需求和最需要的东西——望远镜。

所以，卡耐基认为，一个企业家关键时刻一定要抓住机遇，更深一层地研究利用机遇。同一机遇，谁都可以利用。但利用得最好的，毕竟只是少数。想胜人一筹，就须在认识分析上高人一筹。其实，不过是对公众需求和心理分析研究得更细更深入一点，把握得更准一点，而且需要常对特定情境周围的分析研究联系起来。

一个具有善于利用机会个性的人认为：如果你能像发现别人的缺点一样，快速地发现机会的话，那你就能很快成功。经常对自己讲："机会来了，抓住它"，慢慢地，就会成为一种习惯，从而真的抓住它。

菲利浦·阿莫尔年轻时加入淘金的人流，赶着骡车，带上全部家当，穿越大沙漠。在金矿上，他辛勤劳动，年年都有稳定的收入。六年后，他得以在米尔沃基开展谷物仓储业务。不出九年，他已挣了50万美元。但他从格兰特将军"向里士满推进"的命令中看到了大好机会。1864年的一天，他敲响了猪肉生意合伙人的门。"我要乘下一班火车赶往纽约，"阿莫尔说，'空投'卖出猪肉，格兰特和谢尔曼已经扼住了南方叛军的喉咙，猪肉价格将跌到每磅12美元。"千载难逢的机会。他赶到纽约，以每磅40美元的价格大量卖出猪肉，猪肉被抢购一空。精明的华尔街投机商嘲笑这个西部小伙子的鲁莽，告诉他肉价要涨到60美元，因为战争离结束尚有时日。但阿莫尔先生继

❋习惯点滴❋
只有善于抓住机遇的人，才能在最佳时刻表现出自己与别人不同的个性和能力，才能赢定人生。

续抛售猪肉，而格兰特将军继续进军。里士满被攻占后，猪肉价格随之跌至每磅 12 美元，阿莫尔先生净赚了 200 万美元！

约翰·洛克菲勒在石油中看到了自己的机会。他发现美国有许多家庭的照明条件很差，石油资源丰富，但炼油工艺粗糙，产品质量差，使用不安全，洛克菲勒的机会就在于此。洛克菲勒与同在一个车间做工的萨缪尔·安德鲁斯合作，采用后者改良的工艺，于 1870 年创办了只有一个油桶的"炼油厂"。他们炼制的油，品质很高，生意十分兴隆。在 20 年的时间里，这间小炼油厂由当初的厂房和设备总共不值 1000 美元，发展成为标准石油公司，资本总额达到 9000 万美元。洛克菲勒成为全世界最富有的人之一。

机会不是等来的，而是要靠自己去创造。唯有会创造机会的人，才能建立自己的事业。

在美国，有一位穷困潦倒的年轻人，即使身上全部的钱加起来也不够买一件像样的西服。他的父亲是一个赌徒，母亲是一个酒鬼，他从小在家庭暴力中长大，学业一无所成，成了街头的混混，直到他二十岁的时候，一件偶然的事情刺激了他，使他下定决心走一条与父母迥然不同的路，活出个人样来。他想做演员，拍电影，当明星。"一定要成功"的驱动力促使他认为，这是他今生今世唯一可以出头的机会。在成功之前，绝不放弃！

当时，好莱坞共有 500 家电影公司，他逐一数过，并且不止一遍。后来，他根据自己认真划定的路线与排列好的名单顺序，带着自己写好的量身订做的剧本前去拜访。但第一遍下来，所有这 500 家电影公司没有一家愿意聘用他。

面对百分之百的拒绝，这位年轻人没有灰心，他相信每一次拒绝都是一次学习，一次进步。从最后一家被拒绝的电影公司出来之后，他复又从第一家开始，继续他的第二轮拜访与自我推荐。

在第二轮的拜访中，500 家电影公司依然拒绝了他。

第三轮的拜访结果仍与第二轮相同。这位年轻人咬牙开始他的第四轮拜访，当拜访完第 349 家后，第 350 家电影公司的老板破天荒地答应愿意让他留下剧本先看一看。

几天后，年轻人获得通知，请他前去详细商谈，就在这次商谈中，这家公司决定投资开拍这部电影，并请这位年轻人担任自己所写剧本中的男主角。为了那一刻，他已经做了足够的准备，终于可以一试身手，他完全有信心做好一切。机会来之不易，他自然拼尽全力，全身心地投入其中。

这部电影名叫《洛奇》。这位年轻人的名字就叫席维斯·史泰龙。现在翻开电影史，这部叫《洛奇》的电影与这个日后红遍全世界的巨星皆榜上有名。

史泰龙的健身教练哥伦布医生这样评价他："史泰龙每做一件事都是百分之百地投入。他的意志、恒心与持久力都是令人惊叹的。他是一个行动家。他从来不呆坐着让事情发生——他主动地令事情发生。"

我们的生活充满了机会。积极主动的人善于创造机会，所以他们能成为强者，而那些弱者永远只能等待机会的来临。

不要让机会在等待中溜走

有一个人在洪水来临时，被困在了阁楼里。当洪水上涨到他周围时，他虔诚地祷告，希望上帝来救他。"上帝会救我的。"他对自己说。很快来了一艘船，船主叫这个人游到船边来。"别担心我，"他说，"上帝会来救我的。"船上的人无奈地把船划走了。

洪水在继续上涨，并且很快就要淹过他的膝盖，离阁楼不远处又来了一艘船，船上的救生员大声地喊这个人上船，但他仍然回答道："上帝会来救我的。"他更加虔诚地祷告。就在洪水淹到他的下巴时，第三艘船划了过来，而且划到了他可以跳上船的距离，但这个人仍然大叫着说："不要管我，上帝会来救我。"那艘船也同样无可奈何地划走了。

几分钟之后，洪水淹没了他的头。当他进入天堂之后，立刻要求见上帝。他谦恭地问道："上帝，我在人间的工作尚未完成，你为什么不救我？"上帝一脸愕然，很纳闷地说："哎呀，我还以为你想来这儿呢，我已经派三艘船去救你了，不是吗?"

生活中，总有那么一些人常常哀叹命运的不公，说上天没有赋予自己良好的发展机遇。其实不然，上天对待每一个人都是公平的，在给予别人机遇的同时，也在给予你同样的机遇。也许，那些机遇的到来并不是那么明朗，完全是在你没有预料的情况下意外出现的，这个时候，能否获得成功，关键就在于你捕捉机遇的能力了。

立即行动会使你信心百倍

斯宾塞·约翰逊说："行动本身会增强信心，不行动只会带来恐惧。克服恐惧最好的办法就是行动。"要增加恐惧感的话，只需等待、拖延、推托就可以了。

有一次一个伞兵教练说："跳伞本身真的很好玩，让人难受的只是'等待跳伞'的一刹那。在跳伞的人各就各位时，我让他们'尽快'度过这段时间。曾经不止一次，有人因幻想太多'可能发生的事'而晕倒。如果不能鼓励他跳第二次，他永远当不成伞兵。时间拖延得愈大跳伞的人心里愈害怕，就愈没有信心。"

"等待"甚至会折磨各种专家，使之变得神经兮兮。美国《时代标志》曾经报道美国最有名的新闻播音员爱德华·慕罗先生在面对麦克风以前总是满头大汗，等开始播音以后，所有的恐惧就都没有了。许多老牌演员也有这种经验，他们同意：治疗舞台恐惧症唯一的良药就是"行动"，立刻进入状态就可以解除所有的紧张、恐惧与不安。

行动可以治疗恐惧，请看这样的一个例子：一般人应付恐惧最常用的方法是"不做"。有些推销员经常怯场，即使最老练的推销员也难免。他们为了克服恐惧，往往在客户附近徘徊犹豫，要不然干脆找个地方一杯又一杯地喝咖啡，来培养自信与勇气，这样根本没有效果。克服这种恐惧——任何一种恐惧——

✳ 习惯点滴 ✳

建立你的信心，用行动来消除烦恼。只有立即行动，才可以知道真正的结果，而一味空想，最终只能一事无成。

最好的办法就是"立刻去做"。

你害怕电话访问吗？马上就去打电话，你的恐惧便会一扫而光。

如果你仍日日拖拖拉拉，你会越来越不想打了。

你是不是不敢做一次全身健康检查？只要你去，所有的疑虑都会消失。你可能什么毛病也没有；万一有，也可以及早发现。如果不去检查的话，你的恐惧会越来越深，直到真正生病为止。

你是不是不敢跟上司讨论问题？马上找他讨论，这样才会发现根本没有那么恐怖。

有一个野心勃勃却没有作品的作家说："我的烦恼是日子过得很快，一直写不出像样的东西。"

"你看，"他说，"写作是一项很有创造性的工作，要有灵感才行，这样才会提起精神去写，才会有写作的兴趣和热忱。"

说实在的，写作的确需要创造力。但是另一个写出畅销书的作家，他的秘诀是什么呢？

"我用'精神力量'。"他说，"我有许多东西必须按时交稿，因此，无论如何不能都等到有了灵感才去写，那样根本不行。一定要想办法推动自己的精神力量。方法如下，我先静下来坐好，拿一支铅笔乱画，想到什么就写什么，尽量放松，我的手先开始活动，用不了多久，我还没注意到时，便已经文思泉涌了。"

"当然有时候没有乱画也会突然心血来潮。"他继续说，"但这些只能算是红利而已，因为大部分好的构思都是在进入正规工作情况以后得来的。"

习惯养成第一课：
信守对自己的习惯宣言

信守自己的诺言

1. 连续三天在计划起床的时间中起床。

2. 确认一项必须今天完成的容易的任务，并决定何时去做。如把要洗的衣物放在一起；作为英语作业阅读一本书。现在信守自己的诺言，把它完成。

实施小的友善行为

3. 今天做一件匿名好事，如写一个感谢条、把垃圾袋拿出去或为某人铺床。

4. 看看周围有什么事，你能完成它而让自己有所改变。如清理附近的一个公园；自愿到老年活动中心服务，或者为某个视力不佳的人读书读报。

开发自己的才能

5. 列出你希望今年能有所发展的才能；写一下发展才能的特殊步骤。

   我希望今年有所发展的才能：_____

   如何做到这点：_____

6. 列出你最欣赏的其他人的才能

   人名：_____

   欣赏的才能：_____

对待自己要宽容

7. 想想生活中你觉得自己表现较差的领域。现在深深吸一口气，对自己说："这不是世界末日。"

8. 尝试一整天都不要有关于自己的负面想法。每次发现有负面想法都记下来，你必须用三个有关自己的正面想法来替换这个负面想法。

让自己得到休整和恢复

9. 决定一个能振奋自己的有趣的行动，而且今天就做。例如，放音乐跳舞。

10. 感到瞌睡了？立刻站起来，绕着街区快步走。

诚实做人

11. 下次父母问起你的情况，告诉他们所有的事情。别忽略一些信息以误导或欺骗他们。

12. 整整一天，尝试别夸大，也别修饰！

从镜中的自己做起，我要他变得更好，这个信息清晰无比。要让世界更美好，看看镜中的自己，决心把他改造。

1. 下次有人对你无礼，以此相待。

2. 今天一天，细心倾听你自己的语言。请计算一下，有多少次你使用了被动的语言，例如"你使我……我只能……""为什么他们不能……""我不能……"

3. 今天去做一件你过去想做而一直不敢做的事。离开你的安乐窝去行动：邀请某人和你约会、举手回答问题、参加某个运动队……

4. 给自己写一张纸条："我不会让_____来左右我的情绪。"把纸条放在你的有锁的存物柜里；粘贴在镜子上或者订入计划，经常看它、让它提醒你。

5. 下一次聚会，别光是坐在墙边或等待惊喜来找你，你自己去寻找惊喜。如果有新来的，走上前去介绍自己。

6. 下次你得到一个你认为不公平的分数，别放弃或哭鼻子，约见老师，讨论这个问题。看看你能通过此事学会什么。

7. 如果你与父母亲或朋友发生了争吵，你先道歉。

8. 确认你无法控制的范围中始终让你牵肠挂肚的一件事。现在就下决心不再为它担忧。我无法控制并且始终感到担忧的事_____

9. 如果有人在大厅里撞倒了你或恶言恶语地骂你或者排队加塞，在发作之前先按一下暂停键。

10. 马上运用你的自我意识工具，问问自己："我最不健康的习惯是什么？"下定决心改掉它。

第二篇

每天进步一点点

——培养锐意进取，积极热情的习惯

上天不会辜负每一分努力

挫折是走向成功的阶梯

在人类社会里，挫折是指团体或个人在实现某个重大目标过程中意外地遭遇到来自人为的或自然的阻挡、打击、破坏性因素干扰，使原定目标暂时或永久无法实现的一种情景或外部表现形式。

从心理学的角度去分析，是指人的意志倾向和心理设想在现实中不能预期实现而产生的一种心理反应。这种反应的主观感觉一般是痛苦、烦恼、压抑、抑郁、消沉等心理特征。

从社会学的角度去认识，挫折就是失败。挫折使人陷入逆境，给人的心理造成很大的压力，挫折带来的社会反应是批评、轻视、嘲讽乃至误解。挫折营造的社会氛围绝不是愉快和轻松，而是热情下降，支持率降低，直至人心离散，冷嘲热讽。

在自然科学领域，科学家在探索征服自然奥秘的过程中，由于面对的是浩茫的未知领域，必须要经历无数次的挫折才能得到确定的结论。

在社会生活领域，每个人都要实现自身的人生价值，这种价值需要通过各自代表的利益体现出来。而利益的变化，必然导致格局的变化，这种变化即通过激烈的竞争表现出来。竞争是残酷的，挫折随时

❋习惯点滴❋

一方面挫折带来的不是荣誉，而是耻辱；不是喜悦，而是沮丧；不是振奋，而是消沉。另一方面，挫折又是走向顺利和成功时的必要付出，是相辅相成的因果关系。正像自然界中，没有阴即没有阳一样，人类社会中没有挫折，也就没有成功。

出现，只有在挫折中不断奋起的人才能最终得到社会的承认，而那些一遇挫折就止步不前的人，必定要被波涛翻滚的巨浪所吞没。

挫折普遍地存在于人们的生活之中，而事业遭挫，是其中比较突出但许多人都会遇到的一种。不论是伟人还是凡人，在人生之路的漫漫征途上，都会遇到挫折。而伟人所遇到的挫折可能会更多。"一帆风顺"只是极少数幸运者的专利，大多数人必须经历沧桑与挫折，必须尝遍挫折所带来的痛苦，所造成的失败，所形成的逆境等一系列苦果的千滋百味。值得注意的是，尽管挫折对任何人来说都不可避免，在经历了挫折以后，有的人走向了成功，有的人却走向了失败。造成这种本质区别的根本原因在哪里呢？就在于对挫折与逆境的认识和态度不同。

在现实生活中，人人都追求理想，大家都渴望成功。然而，挫折却像凛冽的寒风一样，摧枯拉朽，残酷无情。若想使春天的幼苗不被寒风刮折吹死，就得拥有抵御寒风的措施。相对于干事业而言，要想在无数次挫折中取得成功，唯一有效的办法就是通过努力提高自己抵御挫折的能力。

现代社会竞争的程度愈来愈强，压力愈来愈大，青少年要适应激烈竞争的现代社会，培养心理承受能力无疑具有重要的意义。

首先，心理承受能力是一个迎难而上的人的坚强后盾

在现实生活中，良好的适应不只是体现在个人的生物性需要和社会性需要能否获得满足，更多的体现在满足需要的过程中能尽力克服困难和阻力，积极地解决问题，创造性地完成任务。

其次，心理承受力是个性培养的磨刀石。

由于引起挫折的情境有暂时性和持久性之分，因而挫折后的行为和情绪反应也有状态性和特质性之分。在特定干扰条件和具体情境下产生的挫折，一般都是暂时的。随着干扰条件和具体情境的改变，所感受的紧张状态也会自然消失，这类挫折反应称之为"状态性反应"，但人们生活中往往会经历连续的挫折。这是因为导致挫折的条件和情境有时具有相对稳定性，因而会使人感受到持续的紧张状态，由此产生的情绪和行为方式会固定下来，形成相应的行为习惯，这类挫折反应称之为"物质性反应"。正因为这样，在挫折日益普遍的今天，培养耐挫能力才显得具有十分重要的意义。

困难是坚强性格的磨刀石

一个人要想干成一番事业，不但会遭遇挫折，而且还会遭逢困难和艰辛。

困难只能吓住那些性格软弱的人。对于真正坚强的人来说，任何困难都难以打倒他。相反，困难越多，对手越强，他们就越感到拼搏有味道。黑格尔说："人格的伟大和刚强只有借矛盾对立的伟大和刚强才能衡量出来。"

有的人在一般情况下，也是不怕困难的。但若碰到太多的困难，感到"对手"太强大了，则往往被慑服。其实，在自然界和社会历史的限定下，人生的主宰就是自己。失足者也好，残疾者也好，失恋者也好，落榜者也好，只要自强不息，都可以挖掘出生活的甘泉。多少人硬是过不了困难关，因为他们首先过不了自己这一关。他们怕自己，怕病、怕死、怕舆论、怕苦、怕累、怕吃亏，加上懒惰、急躁、拖拉、推倭等等内在的弱点和外在的困境齐相呼应，内外夹攻，毅力自然会被瓦解。要想过好困难关，首先要过好自己这一关。拿出你的勇气来，不怕天，不怕地，不管什么困难，"来吧，咱们较量一番!"有了这种不怕困难的勇敢性，就有了征服困难的精神力量。

在困难面前能否有迎难而上的勇气有赖于和困难拼搏的心理准备，也有赖于依靠自己的力量克服困难的坚强决心。许多人在困境中之所以变得沮丧，是因为他们原先并没有与困难作战的心理准备，当进展受挫，陷入困境时便张惶失措，或怨天尤人，或到处求援，或借酒消愁。这些做法只能徒然瓦解自己的意志和毅力，客观上是帮助困难打倒自己。果断的性格无论是对领导者，还是普通劳动者，无论是对于工作，还是对于生活和学习，都是非常需要的。

果断并不等于轻率。有人认为，果断就是决定问题快。实际上，在情况不要求立即行动，或者对于行动的方法和结果未加足够的考虑就仓促地采取决定，这并不是果断，而是轻率、冲动和冒失。

随机应变的妙语

生活中常有这样的事，当有人求自己帮忙，但却实在是办不到，此时若直言拒绝，一定会使对方难堪或伤害对方，那么该怎么办呢？可见，在特定语言环境中，为了避免不必要的麻烦，将真话变为错话，曲折地说出来，往往能有意想不到的好结果。

从前法国有一个很有名的喜剧演员，趁着假期到乡村里玩，在假期快结束时，他忽然接到家里由巴黎发来的急电："家有要事，请即刻返回。"

他准备买车票马上回去，却忽然发现口袋里的钱付了旅馆费用之后，就不够买车票回巴黎了。

"怎么办呢？在这里没有朋友，又没有人认识我，谁会借钱给我呢？"他愁眉苦脸地思索。

"如果请人由巴黎寄钱来再回去，定会误了要事。"喜剧演员心里急得不得了，这会儿在他脸上一向挂着的开心模样，早就换上了满面愁容。

"怎么办呢"他躺在旅馆的床上左思右想一夜没睡。第二天，他走到旅馆大厅，用充满了喜剧感的动作和旅馆人员打招呼，并且说："马上就回来！"

※习惯点滴※

有许多出乎意料的好创意在旁人看起来好像只是灵光一现就出来了，实际上却是已经在创意人的脑袋里预先演练才推出来的。

走出旅馆，他掏出身上仅有的一点钱，买了两瓶便宜的酒，又寄了一封信回巴黎。他在纸上写了几个字贴在酒瓶上之后，就拎着两瓶酒回旅馆。

回到旅馆之后，他故意让工作人员看到两瓶酒上写的字。工作人员看到这些字之后大吃一惊，趁着他不注意给当地警察打了电话。

过了一会儿，一辆警车疾驶而来，冲进旅馆将他逮捕了。按规定，所有嫌疑犯都必须马上被解送到巴黎去，喜剧演员就这样被押回了巴黎。

到底酒瓶上贴的是什么字呢？

一瓶贴着："给国王的毒药"；另外一瓶贴着"给王后的毒药"。

到了巴黎之后，时常为国王演出的喜剧演员很快地被释放了。

因为那封信是寄给国王的。当国王看过他寄来说明这件事情来龙去脉的信之后，不但没有生气，反而因为这巧妙的情节哈哈大笑，对他的机智聪明颇为赞赏哩！

专注成就事业

一个人没有能力，将会一事无成，因此，能力是成功的资本。但对很多人来说，发现自己擅长能做什么事，是一个比较困难的问题，因为他们宁可相信别人，也不相信自己。

其实，不必看轻自己，要相信你的能力是独一无二的。社会上大多数的人，只会羡慕别人，或者摹仿别人做的事，很少有人去认清自己的专长，了解自己的能力，自然无法锁定目标，全力以赴，所以不能够成大事。这种人只能怪自己。

据调查，有28％的人正是因为找到了自己最擅长的职业，才彻底地掌握了自己的命运，并把自己的优势发挥到淋漓尽致的程度。自然这些人都跨越了弱者的门坎，而迈进了成功者之列；相反，有72％的人却因为不知道自己的"对口职业"，而总是别别扭扭地做着不擅长的事。因此，不能脱颖而出，更谈不上成大事了。实际上世界上大多数人都是平凡人，但大多数平凡人都希望自己成为不平凡的成大事者，梦想成大事，才华获得赏识，能力获得肯定，拥有名誉、地位、财富。不过，遗憾的是，真正能做到的人，似乎总是不多。

如果你用心去观察那些成大事的成功者，几乎都有一个共同的特征：不论

❋ 习惯点滴 ❋

一个人成大事的工作方法在于：该花的心血一定要投入，该有的过程一定要经过。人生充满变数，一个人的成败与否，不单看他的资质，而是毅力。人应该要有梦想，否则就失去了奋斗的目标与方向，但成大事者的条件必须日积月累地做好准备，你可以立志做大老板，做大文学家，但绝对不要躺在那里等待。

聪明才智高低与否，也不论他们从事哪一种行业，担任何种职务，他们都在做自己最擅长的事。

从很多例子可以发现，一个人的"成就"来自他对自己擅长工作的专注和投入，无怨无悔地付出努力，才能享受甘美的果实。

一位知名的经济学教授曾经引用三个经济原则做了贴切的比喻。他指出，正如一个国家选择经济发展策略一样，每个人应该选择自己最擅长的工作，做自己专长的事，才会胜任愉快。换句话说，当你在与别人相比时，不必羡慕别人，你自己的专长对你才是最有利的。

第二个是"机会成本"原则。一旦自己做了选择之后，就得放弃其他的选择，两者之间的取舍就反映出这一工作的机会成本，于是你了解到必须全力以赴，增加对工作的认真度。

第三是"效率原则"。工作的成果不在于你工作时间有多长，而是在于成效有多少，附加值有多高，如此，自己的努力才不会白费，才能得到适当的报偿与鼓舞。

境遇是自己开创的，成功乃是自己造就的。你不必看轻自己，你要相信你的能力是独一无二的，你也许正在完成一件了不起的事，有朝一日，你或许真的可以变得很不平凡，而成为大家羡慕的成功者。

一个人做自己擅长的事，脚踏实地是获取成功的另一法宝。每个人在年轻的时候都会立志，有的人想当科学家、发明家或者大文豪，个个看起来志向远大，皆为成大事者之梦。年轻人难免都会"崇拜偶像"，希望找到学习的典型，但不是每个人都能当科学家和发明家。培养一技之长，一步一步去累积自己的个人资源，才是迈向成功之路的要素之一。

不欺心　不欺人

霍英东——不错过任何一次机会

　　自古盖房子出售，都是先盖好房，再出售，对此，霍英东反复问自己："先出售，后建筑"不行吗？

　　正是由于霍英东这一顿悟，使他摆脱了束缚，迈上了由一介平民变为亿万富豪的传奇般的创业之路。

　　霍英东是中国香港立信建筑置业公司的创办人。在香港居民的眼中，他是个"奇特的发迹者"。"白手起家，短期发迹"，"无端发达"，"轻而易举"，"一举成功"等等，这些议论将霍英东的发迹蒙上了一层神秘的色彩。霍英东的发迹真的神秘吗？不，他主要是运用了"先出售后建筑"的高招。

　　霍英东还有另一个可贵的品质，那就是不错过任何一个机会来发展自己的事业。朝鲜停战以后，霍英东慧眼独具，他看出了香港人多地少的特点，认准了房地产业大有可为。于是毅然倾其多年积蓄，投资到房地产市场。1954 年，他着手成立了立信建筑置业公司。他每日忙于拆旧楼建新楼，又买又卖，大展宏图，用他自己的话说，他"从此翻开了人生崭新的决定性的一页！"

　　如果说霍英东早年经营杂货铺是他创业初期的练兵，那么他超人的经营理念则在经营房地产业的过程中得到充分的体现。以前的房地产业，都是先花一笔钱购地建房，建成一座楼宇后再逐层出售，或按房收租。而他则"变了个戏法"，即预先把将要建筑的楼宇分层出售，再用收上来的资金建筑楼宇，来了一个先售后建。这一先一后的颠倒，使他得以用少量资金办了大事情。原来只能兴建一幢楼宇的资金，他可以用来建筑几幢新楼，甚至更多；同时，他又能有较雄厚的资金购置好地皮，采购先进的建筑机械，从而提高建房质量和速度，降低建造成本，更具竞争力的是他的楼宇位置比同行的更优越而价格却比同行的更低廉。而且，有时他还采用分期付款的预售方式，使人人都买得起。霍英东的戏法真是高招，他开创了大楼预售的先河。为了推广先售后建的"戏法"，霍英东率先采用了小册子及广告等形式广为宣传。霍英东的广告效果颇为不错。立信建筑置业公司在短短的几年里所营建出售的高楼大厦就布满了香港、九龙地区，打破了香港房地产买卖的纪录。这个既不是建筑工程师出身，又非房地产经营老手，用不长的时间便成了赫赫有名的楼宇住宅建筑大王、资产逾亿万的大富豪。现在，霍英东名下的公司有六十余家，大部分都经营房地产生意，或与房地产关系密切。由他担任会长的香港地产建筑商会，经营着香港百分之七十的建筑生意。

霍英东给自己提问，并从问题的反面找到了答案，成就了大业，值得我们学习和借鉴。

把每天的事情做好就是一种成功

生命不是一场赛跑，而是一步一个脚印的旅程。昨天已是历史，明天尚是未知，而今天则是一个上天的礼物：那就是我们为什么称它为"现在"的原因。

如果你活在每个当下，你就活出了生命中的每一天。

有一位伟人曾经说过相同的话："责任和今天是我们的，结果和未来属于上苍。"

"明天"是魔鬼的座右铭。整个历史长河中有很多这样的例子，很多本来智慧超群的人留在身后的仅仅是没有实现的计划和半途而废的方案。对懒散而无能的人来说，明天是他们最好的搪塞之词。而对于一个成功者来说，一定要把握住现在。

自从比尔·盖茨和计算机打上交道以后，就再也顾不上干其他事情了，他达到了废寝忘食，专心致志的地步。他使用计算机的水平很快超过了他的老师。在计算机方面，比尔·盖茨是无所不学。当时，计算机在美国是个新鲜货，价格十分昂贵。计算机公司不可能让学生无偿使用它的计算机。尽管学生的"母亲俱乐部"通过拍卖活动筹集到一部分费用，但这钱是有限的，因此，学校对学生使用计算机进行了时间限制。为了更多地接触计算机，比尔·盖茨常常深更半夜爬起来，偷偷地钻进计算机房。他几乎把自己所有能利用的时间都用在学习计算机上了，这为他今后的成长奠定了坚实的基础。

比尔·盖茨说，时间管理不仅是独乐，也是众乐的一场赛事，和时间赛跑，人人都有可能是胜利者。只有不参加的人，才是失败者。因此，与其费尽心思地把今天可以完成的任务千方百计地拖到明天，还不如用这些精力把现在的工作做完。而任务拖得越长就越难以完成，做事的态度就越是勉强。在心情愉快或热情高涨时可以完成的工作，被推迟数日后，就会变成苦不堪言的负担。

年轻人做事一定要采取当机立断的态度，这样可以避免做事情的乏味和无趣。拖延则通常意味着逃避，其结果往往就是不了了之。做事情就像春天播种一样，如果没有在适当的季节行动，以后就没有合适的时机了。无论夏天有多长，也无法使在春天被耽搁的事情得以完成。某颗星的运转即使仅仅晚了一秒，也会使整个宇宙陷入混乱，后果不可收拾。曼狄诺说："时间惟有'现在'最宝贵，抓住了'现在'，也就抓住了时间，这样成功自会向你招手。"

有一次，比尔·盖茨在驾驶着"保时捷"返回西雅图长达1400英里的旅途中，意外地停留了两次。由于超速行驶，他被在高速公路上空飞行的一架隐形测速飞机两次扣留。他车里的雷达探测器也不管用。他曾经说过："我的工作其实是一场竞赛，我喜欢在事情到了紧要的关头时全力以赴的感觉。在这个时刻，人往往有超水准的表现。"的确，对比尔·盖茨而言，一两

❋ 习惯点滴 ❋

记住这句话吧：能够今天做的事情绝不拖到明天。

张罚款单是不起作用的，就像他的那辆"保时捷"汽车一样，微软公司正在飞速前进，比尔·盖茨绝不允许任何事情阻止它的步伐。

就如同他的人一样，微软公司内部有一种狂热的工作气氛，这种气氛推动着所有的员工拼命工作。因为，在这后面有一个叫做比尔·盖茨的老板，他不断地催促说："快点儿！快点儿！"

在节奏快得让人吐血的现代社会中，只有跟得上节奏，立志于走在时间前面的人才能获得成功。比尔·盖茨的创业成功就证实了这一点。

爱尔兰女作家玛丽·埃奇沃斯说："没有任何时刻像现在这样重要，不仅如此，没有现在这一刻，任何时间都不会存在。没有任何一种力量或能量不是现在这一刻发挥着作用。如果一个人没有趁着热情高昂的时候采取果断的行动，以后他就再也没有实现这些愿望的可能了。所有的希望都会被消磨，都会被淹没在日常生活的琐碎忙碌中，或者会在懒惰消沉中流逝。"

我们知道，时间对于每个人来说都是平等的，只有敢于奋起直追的人才能真正把握好时间。

有人问英国作家瓦尔特·雷利："你怎么能在这么短的时间内取得这么大的成就呢？"他回答："如果我需要做什么事情，我就马上去做。"这就是全部的答案。习惯于采取果断行动的人，即使偶尔犯错误，也比一个头脑聪明却总是磨蹭拖延的人更可能获得成功。

当有人问一个英国政治家，他怎么能够在职业上取得巨大成就的同时也承担多种社会职务，他回答说："我只是从不把今天可以做的事情拖到明天，如此而已。"

每一次逆境都是成长的最好时机

英国作曲家韦伯说："有许多人一生的伟大，都从他们经历的逆境中来。"逆境不是我们的仇敌，而实在是我们的恩人。逆境，可以锻炼我们"突破自我"

的种种能力。

森林中的大树，要不是曾同暴风雨搏斗过千百回，树干就不会长得粗壮结实。同样，一个人如果遭遇过种种阻碍，历经磨难，最终克服困难，也会变得十分坚强。

自然往往在给予一个人逆境的同时，也给了他一份战胜逆境的力量。

比尔·盖茨在挫折面前所表现出的那种精神值得我们每个人学习。比尔·盖茨在迷恋计算机的过程中，也有过挫折。

有一次，他破译了所使用的计算机网络的密码系统，导致了整个网络的混乱，因此，他受到了不准使用计算机的处罚。他为此而懊恼，一度降低了对计算机的兴趣。可是，不久计算机世界的神秘又把他吸引回来。当比尔再次坐到计算机旁的时候，他开始考虑如何用计算机赚钱，以便能够支付使用计算机的费用，进而拥有自己的计算机。

正如伟大的成功学家拿破仑·希尔所说："困难，特别吸引坚强的人，因为他只有在拥抱困难时才会真正认识自己。

那么你有困难吗？要知道你的困难不会永远存在，可是你却能够继续生存；暴风雨消失时，晴空必然出现，冬雪融化时，生机必然展现。生命里的冬天当然会消失无踪，而你的问题也当然会获得解决。

可是有不少年轻人对自己的出身、经济状况、境遇等不满意不知足。他们只注意到自己没拥有的东西，并以为缺少的东西是导致自己事事不顺的原因。而事实恰恰相反，成功者认为自己之所以取得成功是因为他们走出了逆境。

美国著名歌星约翰尼·卡许的成长经历或许会给我们青少年带来更好的启示：

在没参军前，约翰尼·卡许就有当歌星的梦想。参军后，他买到了自己有生以来第一把吉他。他开始自学弹吉他，并练习唱歌，他甚至自己创作了一些歌曲。服役期满后，他开始努力工作，以实现当一名歌手的夙愿，可他没能马上成功。他不得不靠挨家挨户推销各种生活用品维持生计，不过他还是坚持练唱。最后，他灌制的一张唱片奠定了他音乐工作的基础。他吸引了数万名的歌迷，金钱、荣誉，所有这一切都属于他了。他对自己坚信不疑，他获得了事业上的成功。

但是，正在卡许享受成功的幸福与喜悦之时，命运之神再次陷他于困境之中，由于频繁的演出日程，他的身体被拖垮了，为了有精力应付更多的演出，他不得不服用大量的"兴奋剂"，这使他染上了吸食毒品的恶习……

在一天清晨，当他从佐治亚州的一所监狱刑满出狱时，一位行政司法长官对他说："约翰尼·卡许，我今天要把你的钱和麻醉药都还给你，因为你比别人更明白你能充分自由地选择自己想干的事情。看，这就是你的钱和药片，你现在就把这些药片扔掉吧，否则，你就去麻醉自己，毁灭自己，你选择吧！

卡许选择了正确的人生之路。他又一次从困境中站了起来，他深信自己能再次成功。他回到纳什维利，并找到他的私人医生。医生不太相信他，认为他很难改掉服用麻醉药的坏毛病，医生告诉他："戒毒瘾比找上帝还难。"卡许并没有被医生的话所吓倒，他知道"上帝"就在他心中，他决心"找到上帝"，尽管这在别人看来几乎不可能。

九个星期之后，他又恢复到了原来的样子，他睡觉不再做噩梦。他努力实现自己的计划。几个月后，他重返舞台，再次引吭高歌。他不停息地奋斗，终于又一次成为超级歌星。

我们每个年轻人都应深信，人生有风调雨顺的时期，也有坎坷泥泞的时期，越是在困难中，就越要用积极的思考去寻求超越。

每一位从困难旅途中走过来的人常常会有这样的感受：当回首自己曾经走过的路时，就会蓦然发现，那些苦难已经淡化成昨日风景了。

青少年应牢记这几句话：事情不分大小，都应使出全部精力，无论遇到什么困难都要坚持到底，一个人如能从小养成这样的好习惯，他的生活将会过得满足愉快，舒适自如。

不断挖掘自己的创造力

每个人都会有自己的优势，关键是要发现和运用它。成功的可能性空间远比我们想像的宽广。

在这多元化价值并存的时代，不能说别人在哪方面成功了，你也一定要成功。你若能在适合自己个性和能力特点的领域中挖掘出自己的创造力，这就很完美了。

居里夫人曾说，她以为人们在每一个时期都可以过着有趣且有用的生活。我们应该不虚度此生，应该能够说"我已做了我能做的事"，人们只能要求我们如此，而且只有这样我们才能有一点快乐。

我们每个人在制定"宏伟蓝图"时应注意要因人而异。人的主观能动性是必须发挥的，但我们不要有使人发晕的狂热。因此，在起跳前，衡量一下高度是理智的。否则必将徒添无谓的沮丧。不错，一个人的确可以做出令自己吃惊的成就，最远的目标也能到达。但却要一步步地前进。人的自取其辱或自折其志，大都源于缺乏自知之明，缺乏正确地估测自己的能力。所以，在某时某地，我们能做什么，自己应该心里最清楚。

纽约首屈一指的毛纺织品批发商杰姆斯，有一年雇佣了一个少年杂役，名叫乔瑟夫。他每天早晨六点钟要到达弗兰克林街的办公室，在七点三十分办事员们到来之前，把全部办公室打扫整理好。白天一整天，还得为一位患肠胃病的董事，来回不断地送热水。

周薪升到五美元的时候，乔瑟夫断然地申请到外面去推销毛纺织品。他既年轻，身体又弱小，居然得到准许，做了推销员。不久，他便能取得订货了。

有名的1888年大风雪袭击了全纽约。就在这大灾难之后不久，一般推销员都在将近中午时分才赶到弗兰克林街的办公室，争先恐后地集拢到火炉旁，尽兴地聊着天。

※ 习惯点滴 ※

没有创新创造，就不会出现人类的文明。正因为有了创造，才确证了人的价值所在，创造的行为才受到人类世代的讴歌和赞美。

那天下午相当晚了，大门开处，一股寒冷刺骨的北风直冲进来。同时，几乎冻僵了的乔瑟夫，像醉汉似的摇晃着蹒跚地走了进来。

"这是董事先生来上班了。"老资格的推销员讽刺地说。

"不过，我把今天应做的工作做完了。"乔瑟夫回答道，"像这样的大雪，我更会奋发。而且在这样的天气里，不会有竞争的对手，所以给客人们看了更多的样本。我今天得到了43件订货。"

乔瑟夫立刻被调升为正式的推销员，薪水也加倍了。他后来成了世界最大的不动产商人。他是一个办事的天才，从来就不曾有过制造借口或辩解的念头。他知道，"今天不成"和"永远不成"两者意思相同。

别人能成为什么样子，那是别人的造化。很多时候，葡萄的确是酸的——因为我们吃不到，但我们可以转到别处去吃荔枝或苹果——因为人应该是具有弹性和创造力的。

在一项"创造力发展调查"的结果中发现：在近五百份问卷中，约有百分之三十的人认为自己"没有创造力"或"很没有创造力"。尤其是女性，认为自己没有创造力的比例高于男性甚多。

人有任何其他动物所不具备的创造意识，这就是"喜新厌旧"。越是现代人，"喜新厌旧"的创造意识就越强。

试想，人如果没有这一心理，就永远只会用两条腿走路，绝不可能登上月球，飞向太空。

习惯养成第二课：
养成保持积极心态的习惯

1. 下一次照镜子时，说一些鼓励自己的话。

2. 对于某人今天所表达的观点表示赞许，例如说："嘿，这可是个很酷的主意啊！"

3. 想有什么可能限制了自己的思维定式，例如"我不想出去"。今天就反其道而行之。

4. 想想你有没有哪个亲朋好友最近行动反常。想想会是什么事情让他们这样反常。

5. 如果你无事可做，你脑子里想的是什么呢？切记，对你最重要的事物就会成为你的思维定式或生活重心。

   侵占我的时间和精力的是：＿＿＿＿＿＿＿＿＿＿＿＿＿＿＿＿＿＿。

6. 黄金规则支配一切，从今天开始，对待别人就像你希望别人怎么对待你一样。别不耐烦，别抱怨被人冷落，别说他人的坏话，除非你希望其他人对你也这样。

7. 尽快找一个安静之处，想想自己最在乎什么。

8. 仔细倾听自己最常听的音乐。判断一下，它们是否与你所信仰的原则协调。

9. 当你在家做家务或今晚工作时，尝试实行努力工作的原则。

   "多走一公里"，比期望你的多做一点。

10. 下次处于困境不知如何是好时，问问自己："我应当实行哪一条原则(诚实、友爱、忠诚、努力工作、耐心……)？"现在，遵循这条原则，别向后看。

第三篇

让学习变成快乐的事

——培养热爱学习，高效学习的习惯

学习能力比学习成绩更重要

学习专心学习，专注注意力训练

我们在上课时，要专心地听讲，仔细地观察实验，聚精会神地思考问题，认真做笔记、练习。这里的专心、仔细、聚精会神、认真等都是对注意力这一心理状态的表述。

大家都知道"专心致志"这个成语，说的是古时候有位棋手亦秋，棋艺精妙，全国没人是他的对手。许多人想和他学棋，他挑来挑去，挑了两个青年学生，准备把自己平生的本领传授给他们。

亦秋传授棋艺时，一个学生"专心致志"，认真听亦秋指点；另一个学生耳朵虽然在听，心思却不集中，他在想：天上可能有大雁飞过，要能用弓箭射多好啊！亦秋讲完了，让他们摆开棋盘，对下一局。开局不久，那想射大雁的学生就输了。亦秋严肃地说："孩子，是你不如他聪明吗？不是！是因为他学棋时专心致志，而你一心二用！"

后来，人们就把一心一意集中精力地钻研某一件事，叫做"专心致志"。

人们在清醒的状态下，心理活动总是指向一定的事物的，典故中那个学生及我们平常所说的"不注意"，实际上并不是没注意，而是没有注意应该注意的事物，却注意了其他无关的事物。从这一点上，我们可以比较出人与人之间的注意力水平高低。有的同学很聪明，但总是在该思考该写作业时注意力不能很好地集中起来，所以降低了学习效率，影响了作业质量。而有的同学则能很好地集中自己的注意力，将学与玩严格区分开，学的时候踏踏实实，玩的时候痛痛快快。

走进注意力

注意的范围

顾名思义，范围讲的是你能顾及的广度。注意的范围是指在同一时间内你能清楚地顾及到的事物的数量。

做个小试验：请你只看一下（一闪即逝），你能报告出几颗星呢？

★★★★★

再试一次：

★★★★★★★★

在通常情况下，展示给你的时间不会超过十分之一秒，人们能报告出的可见物体数量多在5～9个单位之间。请同学们注意，这里在表述注意的范围时使用了5～9个单位，并非5～9个事物。"单位"一词的学问在哪儿？它与人们的注意范围又有什么关系呢？

我们再做一个小试验，你还要按照前面提示的方法去做，只看一遍，一闪即过。看看你能报告出多少个？

★★★★★★★★★★★★★★★★

再试一次：

★★★★★★★★★★★★★★★★★★★★★★★★★★★

结果怎么样？我想这次你一定是大有收获了，为什么前后两次小试验，你的注意力会有如此大的差异呢？是的，你很聪明，原来五星的排列方式会对人们的注意力产生巨大影响，这就是"单位"两字的学问。"单位"内容量的大小，决定了我们注意范围的大小，也影响着我们的注意力水平。

早就听说，古人读书时能做到一目十

> **✳习惯点滴✳**
> 将注意范围这一标志着注意力水平的属性应用于我们的学习，特别是我们的阅读中，应该对提高我们的阅读速度有很大帮助。

行，这听起来好像不可思议，但经过今天的小试验，你或许有了新的收获，可以理解了。如若将一个汉字作为一个注意单位，那么人们在阅读时，犹如低年级的小学生，一下子只能看到 5 ~ 9 个字，最多不超过半行字，更别想一目十行了。倘若有人记忆丰富，成语累累，对复合句理解很好，那么他在阅读时，其"注意单位"的容量就变成了一个词，一个成语，抑或是一个简单句，甚至是一个复合句。这样一来，一目十行就可以实现了。

从以上的试验与思考中，我们可以受到启示：

一定要注意积累好词好句，英语学习中注意积累单词和短语，这对于提高我们的语文、英语阅读速度大有帮助。不仅如此，汉字的阅读水平最终将影响到各学科的学习，特别是到了高中，哪怕是理科的文字题和选择题都会有大量的文字表述。阅读速度慢理解力差直接影响我们的思考速度，考试时的答题速度。因此，从基础抓起，从点滴积累，不断扩大记忆单位的容量，这样既提高了注意力水平，又促进了阅读速度的提高，岂不一举两得？

注意的稳定性

这个特性是说，你的注意在一定的事物上能够持续多久的时间，这是衡量一个人注意力水平的时间指标。

考考你：上课时，忽然从窗外飞进一只蝙蝠，你会怎样？做作业时，碰到一道没做过的题，你会坚持做下去吗？或者客厅里传来播映足球赛的声音，你还坐得住吗？看书时，是否会想起吃东西，找一个心爱物，给同学打电话等事情？

人们在做某件事时，常会受到来自内外界的干扰，不能一心一意地将这件事做完，这时就会影响注意的稳定性，表现出与注意的稳定性相反的分心状态，即注意力的分散。也就是我们常说的"走神儿"、"开小差儿"。上述列举的那些情形，你若不能很好地把握，那就会分心了。学习时常常分心、走神儿、三心二意就会使学习效率大打折扣，到头来是学也没学好，玩也没玩痛快。所以建议同学们，不断提高控制自己的能力，把握好自己的注意力，该集中学习时，就不要三心二意，有效率的学习，才能赢得娱乐、休闲的时间。

注意的分配

这一特性是指在同一时间内把注意指向于不同的对象。比如：老师一边讲课，一边板书，一边还要观察同学们的表情、动态，不时还要调整教学速度。学生呢，则一边听课，一边思考，一边做笔记。弹琴的同学也有体会，左右手相互配合才能弹奏出美妙的乐曲，这时你的注意力要很好地分配在左右手上，不然就会顾及了左手而忽略右手，乐曲也会出现不和谐音。骑自行车，也需要一边蹬车前行，一边握好车把，把握好方向，一边还要照顾到路况，这些活动都需要注意很好地分配。说到这儿，有的同学可能会问，同一时间干几件事，这不就会分心，注意力分散了吗？表面上看好像有这个问题，但比较一下你就会发现，注意的分配是将注意指向了同一种活动中需要相互配合的几个不同对象上，它是服从于同一个活动的；而对当前进行着的这个活动的注意分散，恰好背离了要进行的活动，将一个与活动无关的事情牵扯进来，从而影响了这一活动的顺利进行。注意的分配与注意的分散有着本质的区别。

很好地分配注意是有条件的。老师要做到边讲，边板书，边关照同学们的反应，就必须课前备好课，并且做到熟练，这样在上课时才能保证讲课内容的连贯性，让大家听起来很舒服，从而将注意更多地分配在同学们的听课反应上，及时调整教学进度。同学们要做到边听，边记，边思考，也是有条件的，一是要熟练书写，二是要课前预习，熟悉学习内容。减少上课顾得了听顾不了记的矛盾现象，说到根本，上课时要想很好地分配注意力，就应该在同时进行的几件事上，至少有一件是非常熟悉的，因为熟练的事不需要更多注意。而把注意集中在比较生疏的活动上，这样注意才能很好地分配，使得听课、思考、记笔记、做练习几项活动顺利进行。

✱ 习惯点滴 ✱

一个人学习、工作效率的高低，不仅取决于是否具备以上四种注意的特性，而且取决于这四种注意特性有效正确地结合起来的注意力。同学之间的差异是在不同的教育环境和生活实践中形成的，同时也可以通过生活实践的锻炼加以改变。每个同学都可以通过有效的方法来提高自己的注意力水平，从而提高学习效率，促进学习成功。

注意的转移

这个特性是说人们根据活动内容的要求把注意从一种活动转移到另一种活动上去。

中学时的课表，连排同一门课的现象很少，一节课上完，一节课就要换另一科目，同学们就要根据新的学习任务把注意从上一节课转移到下一节课上。在教学中，我们经常会看到，很多同学在两分钟铃响时，自觉地摆放好书本，主动安静下来，两分钟铃既起到了做好课前物质准备的作用，又调节了我们的注意力，使我们的注意很好地实现了"战略转移"。

注意的转移与注意的分散也有着"质"的区别，注意的转移要依赖于任务的要求，它是一种有意识的转移。注意的分散恰好也是在需要注意稳定的时候，不由自主、自作主张地离开了活动任务。因此这两者是完全不同的。

在日常的学习生活中，我们通常会看到，上完体育课再上别的课，很难再集中注意力。如若赶上体育课后是一节大家都不感兴趣的课，那就更难集中注意力了。考试时，考完代数考几何，发几何卷子时，就不像发代数卷子时那样注意力集中。原来，注意转移的快慢与难易，常常受到前一个活动的紧张度、兴奋度的影响，前一个活动紧张度高，兴奋度强，注意的转移就困难、缓慢；当然注意力转移的快慢难易也会受到下一个活动特点的影响，上完数学课再上体育课就比上完体育课再上数学课来得快。因此，我们应该有意识地控制好自己的注意力，特别是在难于转移的地方，采用自我提示的方法，尽快转移注意力，以获取更高的活动效率。

注意力是各门课程优秀的基础

①**注意是学习的必要条件**　学习活动离不开注意，注意是学习的必要条件。注意力集中和稳定成为顺利高效学习的必要条件。在日常的学习活动中，我们随时随地都在接触各种各样的信息，这其中包括学习信息。究竟该接受哪些信

息，不接受哪些信息，该做什么，不该做什么，全靠注意来"把关"了。注意具有选择性，它使人只注意那些应该接受的信息，而不去注意那些无关的信息，正因为如此，注意力保证了我们的学习活动顺利高效地进行。所以，注意是学习的必要条件。

②**注意力制约着整个智力的发展**　有研究表明，学生学习成绩好坏的明显差别之一就是注意力的好坏，注意力水平不仅制约着学习水平，同时也制约着整个智力的发展。学习成绩好的学生往往能集中注意听讲，专心作业，较少受到外界干扰，他们能很好地自我约束，有意识地控制自己的注意力，不让自己的思想"开小差"。这样做不仅保证了学习效率，提高了学习成绩，也使观察、记忆、思考、想象、创造等智力活动有效地进行。因此，整个智力水平也相应得到锻炼与提高。

养成提高注意力的良好习惯

①**加强学习的计划性，增强学习的紧迫感**　大家都有这样的体会，紧张的时候注意力最集中，同样一份练习试卷，在考试状态下完成与在平时作业状态下完成，其效率大相径庭。这说明任务要求明确，时间安排紧迫则有助于集中注意力，提高学习效率。因此，做好时间的计划安排，学习时提出具体的任务，并做好进度安排，可以保证学得踏实，节省出娱乐休闲时间。

②**发挥非智力因素的作用**　人在做自己感兴趣的事情时，注意力最集中；人的意志力则可以很好地控制自己的注意力；积极的自我暗示和自信心可以鼓励自己集中注意力。诸如兴趣、意志、自信等都属于非智力因素，它们对于提高注意都有很大的作用。这些非智力因素绝非先天所具备，而是可以通过后天的培养锻炼得以提高。兴趣是最好的老师，如果我们能够通过有效的方法变不喜欢为喜欢，那注意力不集中的烦恼不就没有了吗？

③**尽量避免外来因素的干扰**　要想集中注意地听讲，课间就不能做过于剧

烈的运动，课前两分钟就要做好充分准备；要想专心写作业，就不要在书桌上摆放吸引自己的物品；学习环境要相对安静，避免噪声、电视节目等环境因素的干扰。总之，要努力学会为自己营造良好的学习环境，利用良好的环境起到约束自己注意力的作用。

注意力的自我心理训练

①**利用课堂听讲锻炼自己的注意力**　许多同学已经从课前预习中尝到了甜头，那就是通过预习，做到心中有数，从而使自己在课上更加集中注意听讲，克服了注意力不集中的毛病。另一个有效的办法就是管理好自己的眼、耳、手、口、脑，做到会看、会听、会做、会说、会想、会记，这对提高课堂效率锻炼注意力十分有利。

②**在阅读中培养自己的注意力**　看书的时候由于我们采用的是内部语言，也就是自己说给自己的语言，它不易被察觉，也最容易失控，所以读书时最容易走神儿和注意力不集中。在阅读中训练自己注意力集中较好的办法是拿着笔读书，让这支笔控制自己的注意力，随时在重要的内容旁边做记号，在重要语段下面画曲线，以便使读书与注意力培养相结合。

梁启超是我国近代史上一位大学问家，他曾经告诫他的学生，如果想要学会读书，就要读到能将平面的字句浮凸出来为止。"书平面的字句怎么浮起来呢?"他的一个学生听了以后很纳闷。许多年过去了，这位学生在广博地读了许多书以后，才弄明白这其实是一个注意力的控制问题。所谓要读到字句浮凸出来，指的就是在读那些不重要的字句时，浏览一下就可以放过去了，而对那些重要的关键的字句，则要给予充分的重视，甚至做到在读某一篇文章时，能一下子注意

到那些最重要最关键的字句，好像这些字句浮凸在书面上似的。

　　③**克服注意力涣散的毛病，养成专注的好习惯**　注意力涣散是有些同学的常见病，克服这个毛病，你不妨试试下列办法：

　　A. 自我强化，即认为每节课每次作业对自我都很重要，并加以强化。

　　B. 努力记住重点，即上课或读书时，若总是关注重点并不断努力记住它，可以达到集中注意力避免走神儿的效果。

　　C. 发现走神儿时，把它叫回来。

　　D. 养成专注的习惯，即在学习时要端正坐姿，良好的坐姿有利于克服走神儿，懒散则容易分散注意力；其次，努力做到学时踏实，玩时痛快，切忌三心二意；再次，在学习时经常提出一些与学习任务有关的问题，在积极思维中避免走神儿；最后，可以采用座右铭的方式，或是一个简单的字句提醒自己。

留住新知——记忆力的提高

令人惊奇的记忆潜能

你拥有惊人的记忆力！你相信吗？正常人的大脑记忆储存量达到 1012 ~ 1015 比特，是数字计算机的 100 万倍，相当于世界藏书最多的图书馆——美国国会图书馆 1000 万册藏书所含信息量的 50 倍。那你会问：我没有看出来我有这么好的记忆力，想记住的东西常常会忘记，怎样达到超人的记忆呢？事实上记忆是有方法与策略的，只要你使用科学的方法与策略就会大大提高记忆力，本节主要讨论这个问题。

古时候人们将大脑比作是一块蜡，将记忆比作是刻在蜡上的痕迹，这种比喻意味着蜡的熔化会使上面的痕迹随之消失。这个比喻颇有见地。后来随着科学的发展，人们对大脑结构的认识越来越清楚，对在此基础上所产生的心理活动（包括记忆活动）的认识也随之深入。所谓记忆，就是人们对过去看过、听过、想过、做过以及体验过的事情，保持并铭记在大脑中的一些印象。以后在一定的场合或情境下还可以把它们再次认出来或回想起来。

例如：同学们在课堂上学习新知，这就是识记的过程；课后的复习和写作业就

> ❋ **习惯点滴** ❋
>
> 记忆这个词儿很有意思，记忆。记忆，由记到忆要经历识记、保持、再认和回忆这样一个过程。识记是指识别和记住你第一次接触某件事情以后在大脑中留下的印象；保持是指经过重复、复习把已经记住的事情保留在大脑中；当曾经保留过的事情再次出现时，我们能够认出它来，这就是再认；在某种特定的时候，我们能够不经提醒从大脑中提取出曾经保持过的信息就是回忆。

是为了将新学的知识在大脑中保持住；习题或测验中常有选择题，你需要在备选答案中将你曾经识记和保持过的知识认出来，这就是再认；如果需要你回答某个曾经识记或保持过的问题，那就要仔细回忆喽！

正确看待我们的记忆力

每个人都想拥有一个好记性，却又常常埋怨自己记性差。如何看待一个人的记忆力呢？这主要是看这个人在记忆的过程中所表现出来的特点是怎样的，是不是记得快，忘得慢，记得准，回想得快，这些就是衡量一个人记忆力好坏的标准了。

记得快，心理学称它叫记忆的敏捷性，就是指人的记忆速度。同学们一块儿背课文，有的同学一会儿就背下来了，有的同学则需要长一些的时间才能背下来。

忘得慢是说记忆持久，心理学称它叫记忆的持久性，就是指人能够持久、牢固地记住所记的内容。有的同学记得快，忘得慢且记得牢；有的同学记得快，但忘得也快；还有的同学虽然记得慢，但是忘得也慢；最糟糕的是有的同学记得又慢，忘得又快。这说明人与人之间记忆的敏捷性和持久性是有差异的。

记得准，心理学称它叫记忆的正确性，就是指人能否正确地再认和回忆所记过的事情。也就是说回想起来的内容与过去记过的事情基本相符，较少歪曲与遗漏，也没有任意地添加与补充。这是记忆中最重要的特点。心理学有一项实验，让大家先看一张图片，上面画着一个像猫不是猫的东西，而后让大家凭着印象把刚才看过的图片画在纸上。结果，有很多人都不能原封不动地画下来，更多的人根据自己的经验把它改造了。这说明个人已有

❋习惯点滴❋

记忆的这四个特点是一个有机的整体，在不同的人身上会有不同的组合及表现，这便形成了个人记忆的特点以及人们之间记忆的差异性，我们应根据自己的特点，从整体上提高自己的记忆力。

的经验会影响记忆的准确性。

回想得快，心理学称它叫记忆的准备性，就是指人是否能及时地从记忆中提取出所需要的信息。它是记忆的敏捷性、持久性、正确性的有机结合，也是同学们在学习知识时，能够学用结合的重要结合点。

增强记忆力的四种练习方法

要想做到记得快、忘得慢、记得准、回想得快，就要讲究记忆的方法。这里介绍几种有效的记忆方法。

①**及时复习**。在学习时同学们都希望将学过的知识牢牢地保存在头脑中，但遗憾的是我们的大脑并不忠实于记忆的内容，随着时间的推移，学过的知识就会悄悄地从大脑里溜走，甚至遗忘掉。心理学实验研究证明，遗忘是有规律的，即学过之后遗忘开始，遗忘的进程是先快后慢。根据遗忘规律，同学们学习过的知识也会发生遗忘，要想使知识牢固地保持在记忆中，就必须及时地、经常地复习，才能达到巩固的目的。

②**理解易记**。要想把学过的知识更快地记住，首先必须弄懂，因为理解是记忆的基础，记忆以理解为前提，理解了的东西才容易记住，且记得更快。不信你来试试。

A. 请你在半分钟内把下列 15 个数字记下来。

149162536496481

B. 请你在一分钟内把下列 12 个两位数字记下来。

143932765924628692493496

C. 请你在 3 分钟内把下列 20 个词汇记下来。

苹果 长颈鹿 萝卜 打字员 西红柿 面包师 火车 潜水员 菠菜 自行车 汽车 教师 飞机 葡萄 猴子 南瓜 斑马 音乐家 鸭梨 轮船

如果你不假思索地上来就背，那么，在规定的时间内记住 7 个以上就很好了；想要一个不落都记住，只凭这种硬拼的方法是不会取得良好效果的，如果你稍加留心就会发现每一条记忆内容中都有着内在联系，找到它们之间的内在联系，将它们组织起来就会既省时又省力地记下来。好！现在你再仔细看看第一条内容，原来它将 1~9 的平方数罗列出来，看出这一"破绽"记得就快了。第二条内容就要费一些心思了，按照尾数相同的方法排列可以将这 12 个数字分成 4 组：142434；394959；326292；768696，这样就会既快又牢地把它们记下来了。同样的道理，第三条也可以采用分类的方法将 20 个词汇分组：长颈鹿、斑马、猴子一组；苹果、鸭梨、葡萄一组；萝卜、菠菜、西红柿、南瓜一组；火车、汽车、飞机、轮船、自行车一组；打字员、面包师、教师、潜水员、音乐家一组，这样，20 个词汇也不在话下，一会儿就能既快又牢地记住。

上面的小试验给我们一个启示：记忆时不能单凭死记硬背，要开动脑筋努力找到记忆材料的内在规律性，直到弄懂。这个过程虽然要花费时间与脑力，但它不需要死记硬背时的反复记忆，且记忆效果好。随着年龄的增长，知识经验的日益丰富，这种理解性的记忆效果会越来越好。因此，中学生应自觉加强理解记忆，提高学习效率。

✳习惯点滴✳

俗话说：百闻不如一见，百见不如一练。操作练习时将所学知识应用于实践，在应用知识解决问题的过程中加深理解与记忆。所以，用与练也是记忆的好方法，而且会使我们记得更牢靠。很多优秀的同学在文化课的学习中，都能做到有目的有计划地选做课外练习题，日积月累，一些基本概念、定理、公式、定律等就在日常的练习中牢牢地记在脑子里，平时测验和期中、期末考试就可以应用自如了。

③**首尾记忆法**。同学们都有这样的体会，在记忆一篇较长篇幅的课文时，往往第一段背得滚瓜烂熟，最后一段也记得比较好，每次都在中间的段落上"卡壳"，这是为什么呢？原来，人在记忆时会出现学习材料间相互干扰的现象，首段与尾段的内容都对中间段落产生干扰，而相对来说，首段与尾段各少了一个干扰因素，所以，处在首尾位置的内容记得就好一些。有的同学从此受到启发，在以后的学习中，只要遇到大篇幅的记忆内容，就将它们分成

几段，采用零散的时间分散记忆，几个段落都背下来了，再从头至尾串联起来。结果，其记忆效果比利用一两个小时集中背诵要好得多。其道理就是巧妙地利用了首尾记忆法，使得每段都有机会做首段或是尾段，将记忆材料间的相互干扰降到最低，从而省时高效地完成了记忆任务。

首尾记忆法对选择最佳的记忆时机也有启发。其实，同学们早在学习中加以运用了。你们常会选择清晨或是睡前背诵就是这个道理，这是一天当中的首尾时段，较少干扰，所以记忆效果好。

④多用多练记忆法。同学们回想一下自己学习应用电脑的过程，并没有多少刻意记忆或背诵操作程序的过程，但却能非常熟练地操作，这其中的缘由应当是反复运用与练习的结果。

怎样提高自己的记忆力

我国北宋时期著名的史学家司马光，对上千年的史料记忆娴熟，写出了永垂千史的《资治通鉴》。他幼年时的记忆力并不好，但他非常下工夫，每当老师上完课，他都要留下来，独自用心攻读，直至了然于心。并且这个习惯一直坚持到老，所以他才有了超人的记忆力。这个实例告诉我们人的记忆力是可以通过培养与锻炼得以提高的。那么，怎样提高记忆力呢？

首先，要有明确的记忆目的。在平时的教学中我常会遇到这样的事情：老师留了背诵的作业，并告知明天要默写，同学们就会认真对待。如果只说要求背诵，而不说检查背诵情况，那么，转天再默写时就会有相当一部分同学默不下来。为什么相同的学生，会有不一样的记忆效果呢？就是因为同学们给自己确定的记忆目标不同。记忆目标越明确，记忆的效果就越好。

让我们再来做一个小试验。请你把下面的文章读一遍，阅读时要尽量集中你的注意力。

当你上来时，电梯操纵员把门关上了，这个电梯里除了一个操纵员、一个助手和你以外还有 12 个人。这时，你要特别注意上下电梯的人数。

2 人下	3 人上
3 人下	5 人上
8 人下	4 人上
5 人下	7 人上
6 人下	12 人上
7 人下	6 人上

电梯停了几次？

你是不是在阅读中特别留心记着每一次电梯停下来时的人数？结果因为没有想要记住电梯停几次，所以突然发问电梯停了几次就说不出来。如果与你的好朋友分享一下，恐怕他们也会"被害"。这说明，只要想记住，就能记住。因此，在平时的学习中，要做到善于给自己提出具体、明确的记忆任务，即"记什么""用多少时间记""记到什么程度"，这将有利于自我督促，提高记忆效率，避免随心所欲，过于懒散。

❄习惯点滴❄

再次，用良好的心理品质帮助记忆。学习的实践证明感兴趣的事情记得最快也最牢靠，兴趣是记忆的推进器；心情愉快，舒畅时记忆效果最好，乐观的情绪有助于提高记忆效率；不怕困难，目标专一可以出色地完成记忆任务，坚强的意志是记忆的保证；勤奋学习，刻苦努力更容易持久记忆，良好的性格是记忆乃至学业成功的法宝。因此，塑造良好的心理品质，充分发挥它们在记忆中的作用，将会有助于提高记忆力。

其次，充分使用多种感官记忆。美国的心理学家曾做过这样的实验：他先将听课的同学分成三组，让他们采用不同的方法共同学习一段美国公路史。A 组采用一边听，一边摘出要点的方法听课；B 组听课时可以看到已经列好的要点；C 组采用单纯听讲的方法。学习之后，再共同参加测验。结果，自己动手做摘要的 A 组成绩最好；看摘要的 B 组成绩次之；单纯听讲的 C 组成绩最差。是不是 B、C 两组的同学记忆力不及 A 组呢？后来，实验人员又让三个组的同学复习听过的材料，并鼓励他们采用做摘要、看要点等多种方法复习。结果表明，这些方法对 B、C 两组同学的学习起到了促进作用，成绩有所提高，由于 A 组在学习时已经采用了较先进的方法，所以对后来的学习影响不大。这说明，多种感官参加学习其记忆效果比只用单一感官学习的效果好。有些同学总是羡慕别人的记性好，埋怨自己脑子差，殊不知并非如此，只不过在听课时懒得动手罢了。只要我们每个人都积极行动起来，在学习的同时尽可能地做到既听、又看、还想，同时做笔记，记忆力就会大大提高。

让大脑操练起来——开发大脑的思维

那年高考中的一天，骄阳似火。某学校的刘主任和他的同事们按照惯例早早来到考场关照自己的学生，并负责把学生们送进考场。铃声响了，考场内的考生们开始紧张地思索，考场外的老师们更为紧张，这不，在正式开始考试后的半小时，老师们得到了试卷，在紧张地翻阅。首先，映入眼帘的便是化简：

"应该先出道容易给分的小题嘛！这……" "哎！大纲规定 4 个函数，不考第 5、第 6 个函数。看，这第一道题就超纲了。" ……老师们看着试题议论纷纷。考场内众多紧张的考生们也大都认为超纲了，轻易地放弃了这道题。

同学们，假如你就在这高考考场上，第一道数学题就遇到了没学过的余割符号，你又如何应对呢？

就是这道被大家放弃的高考数学题在后来的创造性思维训练课上，被北京 16 中学的同学们经过讨论攻克了。许辉同学认为："有可能故意给出 'csc' 的生僻符号吓唬人，看你有无勇气，而实际上却很简单。我来试试。"经过他的尝试，用繁分式化简的一般方法，便将这道题解决了。于娜认为采用余割变化方法也有可能解出，经过她的一番尝试，这种方法也成功。

我们不禁要问，为什么有几种解决方法可以解答的题目会引起老师们的不满并导致考生们放弃呢？在以后的高考中，我们又见到语文作文出现了"假如记忆可以移植"的题目；各科目的考试渐渐远离原来的课本知识，对创造性思维的考察开始闯进各类考试及各种试题之中。这种升降背反的趋势向我们宣告：考试等于背书的时代即将成为历史。于是创造力强的考生，考试成绩不断上升；思维呆板的学生成绩在不断下降。是这些学生天生就思维呆板吗？肯定不是！那么又是什么原因阻碍了他们思维的发展呢？

首先，是由于错误的认识造成的。不少同学学习认真，对书本知识掌握扎实，认为有了知识就可以创造。其实，知识本身不会使一个人具有创造力，创造力的关键在于如何活用知识，即通过灵活运用知识去创造性地解决学习、生活中的问题；有的同学在学习中脑筋死板，认为每个问题只有一个标准答案，把解决问题的办法也限制在"一"这个范围内，因而当用一种方法解决不了或顺向思维不能求解时就茫然不知所措了，这是认识僵化的一种表现；还有的同学错误地认为自己天生就不灵活，根本不可能创造，这是对自身潜能错误的认识。"人之可贵在于能创造性地思维（华罗庚）"。每个人身上都具有创造的潜能，不信你就回到儿时的记忆里寻找一下，是不是曾把竹竿当马骑，将板凳当作火车，还有许多物品，被"假装"成你们游戏之所需，等等。虽然这不是什么创造，但这却是一种创造的潜能。

崔鹏程同学也不敢相信自己亲手制作的"答题卡专用铅笔"会在1998年科技竞赛中获得天津市二等奖，制作这种笔的想法来自于使用答题卡的过程。使用中他发现2B铅笔涂卡不仅费时间且不易规范，他曾尝试采用不同削法对铅笔芯进行改造，发现削成扁平状效果最好，但又造成了在答题时总要不时地削铅笔，虽然涂卡规范的问题解决了但并没有省时。于是他继续探索在现有2B铅笔基础上进行改进，终于成功了，"答题卡专用铅笔"才得以问世。

由此可见，只要认真思索，尝试，运用，每个人的创造潜能都可以被很好地挖掘出来，人人都可以表现出创造性。

其次，受习惯做法的影响。习惯的做法犹如一条无形的绳索常常会阻断人们产生新的思路和设想，难以找到解决问题的最佳方案，影响创造性的发挥。司马光在儿时能够做到"砸缸救人"，正是对习惯做法的冲击，若不是冲破习惯的做法，也就不会有这样一个例证流传至今了。事实上，我们的学习生活中被困在一种习惯的解题思路中，固守于大家认为正确的观念之中的例子随处可见，这种无形的习惯使你的视野变窄，创造力被禁锢。其实，我们完全可以抛开习惯的做法，换一个角度，换一种方法去思考和行动，使问题的解决简便、快捷。

> ✳ **习惯点滴**
>
> 记得法国生理学家贝尔纳曾说过：创造力是无法教的。是的，其实它就在你身边，在我们的日常生活里，它就握在你自己的手中，让我们尽快超越自我，创造自我，走向广阔的创造天地吧！

再次就是情感上的问题。 有的同学并非不能创造，而是爱面子，怕失败，故而把自己限制在狭小的天地中。他们常常在做一件事之前就开始琢磨了，如果失败了，别人怎么看我？他们会不会嘲笑我？受到大家的嘲笑怎么办？这样一想，还是让别人去创造吧！自身的潜能就被自己埋没了。因此，要使自己的学习具有创造性，就要敢于战胜自己的情感，敢于让心灵真实地跳动。

四种利于创造性思维能力培养

缺点列举法：即在解决问题的过程中，先将思考对象的缺点一一列举出来，然后针对发现的缺点，有的放矢地进行改进，从而获得问题解决和成功的方法。

30年前，日本的鬼冢喜人朗就是采用了缺点列举法，对篮球运动鞋进行了革新，产生了新型的篮球鞋。为了此项革新，他先访问了优秀的篮球运动员，听他们谈目前篮球鞋存在的缺点，几乎所有的运动员都谈到球鞋易打滑，止步不稳，影响投篮的准确性这个不足。他又与运动员们一起打篮球，亲身体验这一缺点。于是，他便确定对篮球鞋打滑这一缺点进行革新，并尝试多种改进办法。偶然间，他在吃鱿鱼时发现鱿鱼的触角上长了一个吸盘并从中受到启发：如果将运动鞋底做成吸盘状，不就可以防滑了吗？于是他就把平底篮球鞋改作成凹底，实验结果证明这种鞋在止步时稳多了，他成功了。鬼冢发明的凹底篮球鞋，逐步排挤了其他厂家生产的平底篮球鞋，成为独树一帜的新产品。

生活如此，学习也不例外，我们不妨对自己现行的学习方法也来个缺点列举法，并尝试革新不足，相信你一样会获得成功，实现创造性学习。

分合思维法：即将思考对象的有关部分，在思想上将它们分解为几部分或重新组合，试图找到解决问题的新方法。大家都知道曹冲称象的故事，曹冲就是应用了分合思维法，突破了当时最大的称只能称 200 斤重量的难题，称出了大象近万斤重，从而创造性地解决了这一难题。

采用分合思维法创造出的成果在我们的生活中随处可见：上衣与裤子连起来组成背带裤、连衣裙，这是服装设计师的创意；收音机与录音机组合成收录机是电子工程师的新发现；而带橡皮的铅笔则是一名穷画家在绘画过程中的一项发明。留心你的学习生活，同样会因分合思维产生独特的效果。

逆向思维法：人们通常只从正面去探索问题的解决方法，有时会陷入死胡同，这时如果能够反过来，从完全相反的角度去思考问题就有可能解决问题，这种方法就是逆向思维法。

电能生磁，磁能不能生电呢？法拉第通过逆向思维，造出了世界上第一台发电机。

法拉第的老师戴维则想，利用化学可以产生电，为什么不能用电去研究化学呢？后来他利用电解法发现了 7 种化学元素。

爱迪生想，说话的声音能使短针颤动，那么反过来颤动应能发出原先说话的声音，他从中发明了第一台留声机。

人们计算时遵循的是从右向左的顺序，史丰收则思考着从左向右算，通过逆向思维，改变了运算顺序，由此他创造了速算法。

数学中的逆运算、几何学中的逆推法等等，都是逆向思维法的实际运用。逆向思维法看似荒唐，实际上并非毫无依据，它是在

✳习惯点滴✳

同学们，只要你们在学习中善于动脑筋，积极运用有效的思维方法，同样可以创造性地学习。

解决问题过程中更为奇特绝妙的思维方法，常常需要更艰苦的脑力劳动，但却能使人出奇制胜，有所发现，有所创新，做出突破性贡献。同学们，当你在学习过程中遇到走投无路的题目时，是否也尝试一下从完全相反的方向思考呢？这也许会使你豁然开朗。

质疑思维法：质疑思维法就是不唯书、不唯上，敢于向权威挑战，善于发现问题，勇于提出问题，产生新思想、新方法的一种思维。

数学家华罗庚是自学成才者，他在自学过程中曾发现当时一位数学教授的分式推导有误，他经过反复验证，大胆质疑，最终证明了自己的想法，这是值得我们学习的。

张婷同学则是在听课中大胆质疑，激发出创造的火花。在一节化学课上，老师讲解用化学方法分离醋酸和乙酸乙酯，当时老师讲了一种普通的方法，将生成的醋酸与水分离。但由于水和醋酸的沸点相差不大，因而这种方法不易把两者完全分离出来，这便成了一个难题。于是，张婷开始思索，大家都是研究生成醋酸以后如何除水，而这样又很难分离，为什么必须用这种方法，能不能直接生成无水醋酸呢？而后，她设计了将第一步生成的醋酸钠蒸干变成固体，然后再与浓硫酸反应，这样就直接得到了无水醋酸。质疑思维使她创造性地解决了这一难题，而这种思维方法比老师讲的普通方法更巧妙，更有利于问题的解决。

撑起船儿来过河——努力提高阅读能力

如何提高阅读速度

第一，阅读时，注意力要高度集中。阅读前规定好时间，按照时间要求去阅读，这样，在阅读时会有很强的紧迫感，阅读以外的事情就难以进入大脑。

第二，减少发音动作。我们在阅读时，特别是阅读生疏的文字材料时，常常会在心里默读，或嘴唇翕动，或是干脆读出声音来，这种发音阅读所用的时间比快速阅读要多五倍。所以，在阅读时，要提高阅读速度，就应尽量克服出声、动唇、心里读，将眼睛所看到的文字信息直接映入大脑，省略发音器官这一环节，阅读速度就会加快了。当然，做到这一点很费脑力，但只要我们积极动脑，不怕困难，定会提高阅读速度。

第三，杜绝来回看。快速阅读时，暂时不理解的地方可以先跳过去，不要回头看，重复看。可用尺或纸遮挡住读过的文字，逐步往下移，迫使眼睛不能回头重看。

第四，扩大视觉覆盖面。快速阅读时不能用手指点，尽量扩大每次眼停时看到的字数，把词义关系紧密的几个词联成一个较大的单位迅速扫描。要达到快速阅读，必须掌握一定的技巧和方法，前苏联的奥库兹涅佐夫和列赫罗莫夫总结出"快速阅读十条原则"。我们如果按照这十条原则坚持练习，阅读能力一定会提高。这十条原则如下：

第一条，不要重复阅读。无论多么复杂的科学技术读物，永远只读一遍。眼睛不做逆向运动。只有在训练结束时，或为了理解读过的文字，有必要重复时，才可以重复阅读。

第二条，阅读时，在思想上要把所接受的信息按照整体阅读法的要求分成类，并要记住各类的基本内容。阅读过程中要找出这种阅读法所规定的标准问题的答案。

第三条，阅读时不要出声。朗读是快速阅读中的最大障碍。阅读过程中，按规定的节拍练习，可以做到抑制发声的作用。要记住节拍，并在心里经常加以复述。如果阅读速度降低了，应反复练习。

第四条，阅读时，视线要垂直移动。要扩大末梢视觉。练习的依据是舒尔特表。先读报上的窄栏，然后根据用铅笔在书页中央划出的线路阅读。每页书用 15 秒时间。尽可能领悟总的内容。随着眼球运动能力的提高，逐步过渡到理解性的阅读（每页用 30 秒）。

第五条，阅读时要思想集中。快速阅读要求提高注意力。要系统地完成书中规定的各项练习。

第六条，边阅读，边理解。阅读文字时，要分析出关键和主要概念（这是理解的重点），要记住，阅读的目的是为了找出和处理书中的概念和意图。

第七条，阅读时要用记忆的主要方法。阅读的目的决定了记忆的特点。只记忆理解了的内容。不要记个别词句，而要记住作者的见解和思想。

第八条，要变换阅读速度。这一点与学会快速阅读同样重要。五种阅读法，每次要选用最适合的一种。

第九条，经常练习，以便巩固已有的习惯。

第十条，每天应读完两份报纸、一份专业性杂志和 50～100 页书。试试看，你能行。

请你选择一段即将要学习的语文或英语课文，采用读书五步法进行阅读练习，认真经历读书五步法的每一个步骤，然后，经过课堂学习，你再检验一下自己的读书效果，看看收获了多少。

怎样提高阅读能力

怎样提高阅读能力呢？首先要对阅读产生兴趣，只要爱读，才能逐步达到会读。阅读的兴趣从哪来呢？可先接触一点通俗性、生动性、可读性、科学性较强的文章或书籍，使自己渐渐进入阅读状态，先不必求得甚解，慢慢地再深入阅读，这时，可以找一些文学价值较高的文章仔细读，当你渐渐培养起阅读的兴趣．就可以在知识的海洋中畅游喽！就拿笔者来说吧，本来对阅读的兴趣不是很大，但却想多了解知识，于是就向书求教，渐渐地被吸引住了，一直看下去，阅读的兴趣越来越浓，直到现在，不仅喜欢读课外书，连教科书也很喜欢读。对于教科书的阅读，我想多说一句，那就是在阅读过程中应多加思考，边读边想，提出问题，必要时还应该写笔记或心得。

由于阅读能力提高了，我也得到了一些额外的收获。获得了天津市历史学科竞赛一等奖，政治学科二等奖，演讲比赛三等奖，同时语文成绩也大有提高。以上的一点成绩都与阅读能力的提高分不开。阅读可以提高写作能力及语言表达能力，可以拓宽知识面，可以陶冶情操。同学们，努力培养自己的阅读能力吧，它会使你获得一份意外的惊喜与收获！

✹习惯点滴✹

所谓阅读能力就是从别人的文章中感悟别人的思想意图，从中学到知识的能力。鉴于一个人不可能永远在学校里学习，因此，自学是掌握知识增长才干的必由之路，而会阅读是具有自学能力的开始。

一种目前广为流行的阅读方法——SQ3R

读书法，即读书五步法。所谓 SQ3R 读书法是由该方法中每个具体步骤的英文单词首字母组成的。"S" 代表浏览（Survey）；"Q" 代表提问（Question）；"R1" 代表阅读（Read）；"R2" 代表背诵（Recite）；"R3" 代表复习（Review）。SQ3R 读书法就是由这五个具体步骤组成的，那么怎样按照这五个步骤去读书学习呢?

第一步:浏览。学习一篇文章或一本书之前,先概括地浏览一遍内容。浏览的具体步骤如下。

①略读题目、标题;若是读一本新书还可先读目录、序言及后记,对所读作品有个概略的了解。

②注意段落、分节;在整本书中注意各章提要或小结。

③看看插图和图表以助了解。

④略读全文或全书一遍,特别留意开头与结尾的内容。

浏览不仅可以获得对读物的一个总的直觉印象,还有助于进一步理解。通过浏览,试找出读物的结构与大意,对文中的重点难点做到心中有数,评价其是否值得细读,为订立阅读目标进一步阅读提供依据。

第二步:提问。浏览之后,对读物提出一般性的问题,以便引起进一步阅读的兴趣。如:谁(who);何时(when);何地(where);发生了什么事(what);为什么(why);怎么样了(how),并及时记下自己所思考的问题。

提问可以使随后的阅读阶段更有目的,更有兴趣,以使阅读变成一个有准备的、主动的、批评性的、时时注意的过程。这对集中注意力,增强学习兴趣,加深理解,巩固记忆都大有好处。

第三步:阅读。阅读是继提出问题后逐句逐段地读,并通过阅读解决所提出的问题。阅读的具体步骤如下。

①仔细阅读每一段,边读边思考。

②注意段落大意,划出重点,掌握各章节主要观点及各部分间的相互联系,揣摩作者的写作意图,了解作品的意义和价值;难度大的段落、章节要反复阅读。

③找出问题答案。

经过阅读可以提高独立思考能力及解决问题的能力,从而促进学习与记忆,收到良好效果。

第四步：**背诵**。即背诵材料。具体做法如下。

①反复阅读达到熟练程度。

②对阅读提供的重点进行整理，做到透彻理解。

③用自己的语言复述重点内容及中心思想。

④合上书本，采用自问自答式背诵重要的内容、段落。

⑤打开书本检查自己的复述是否准确。

第五步：**复习**。遗忘是一个不断连续的过程，也是记忆资料遗失的主要原因。因此，根据遗忘规律应有计划、定时地组织自己的复习，也可以通过做习题检查我们的记忆是否有遗漏或疏忽，以便保持巩固。这一步主要靠自己。

❋ 习惯点滴 ❋

读书五步法介绍至此，不过我还想引用我国著名的教育家和历史学家陈垣教授对他学生所说的一句话："不管别人介绍多少念书经验，指出多少念书门径，但别人总不能代替你念，别人念了你还不会，别人介绍了好的经验，你自己不钻研不下工夫，还是得不到什么。"

测一测你的阅读能力

你想了解自己的阅读习惯吗？请你完成下面的阅读习惯问卷，你就会对自己的阅读习惯有一个大致的了解。

我们在下面的调查表中提出 10 个问题，请同学们按照自己的实际情况作答，在符合自己的选项前划"√"，如果你选 A，计 10 分，选 B 计 6 分，选 C 计 4 分，选 D 计 2 分，选 E 计 0 分。

（1）开始阅读时，你是否有一个明确的目的和动机？

A. 总有一个明确的目的和动机　　B. 有个大致的目的

C. 有时有　　　　D. 很少有　　　　E. 从来没有

（2）阅读一篇文章的过程中，你阅读速度有变

A. 不断变化　　　B. 有时有变化

C. 在阅读之前就确定速度　　　　D. 常用中等速度阅读

E. 总是读得很慢

（3）你能把精力完全集中在所读文章上吗？

A. 一直可以　　　　B. 大致可以

C. 只有材料吸引人时才能做到　　　D. 很少做到　　　E. 做不到

（4）你能迅速看出文章的结构吗？

A. 一直能看出文章结构　　　　B. 能迅速看出重要章节

C. 读过小说后能想象出结构　　　　D. 读过整篇文章后才能判断结构

E. 没有注意文章结构

（5）你能够立即理解整个或部分句子的含义吗？

A. 能立即做到　　　　B. 内容浅显就能理解

C. 有时能做到　　　　D. 很少做到

E. 不能做到

（6）你重看刚读过的文章内容吗？

A. 从来不重读　　　　B. 哪里看不懂就看哪里

C. 由于不理解词义有时重看一遍　　　　D. 看不懂文章时要重读

E. 经常回头看刚读的内容

（7）阅读时你是否用手指或铅笔沿着每个句子移动，或者头部随着移动？

A. 头和手从来不动　　　　B. 头有时动

C. 读到重要之处，手沿着字移动　　　　D. 经常动

E. 一直动

（8）你阅读时，是出声诵读还是默读？

A. 一直坚持默读　　　　B. 不能准确回答此问题

C. 出声读某些难懂的词　　　　D. 常常出声阅读

E. 总是出声阅读

（9）你是否对自己所读的东西产生具体概念？

A. 随时能产生具体概念　　　　B. 不能具体回答此问题

C. 很难作回答　　　D. 产生这种概念的机会很少　　　E. 从来没有

(10) 你在阅读时，视线是如何移动的？

A. 在读物中间垂直地迅速移动　　　B. 在行与行之间作"之"移动

C. 斜线移动　　　D. 每行中都有停顿　　　E. 每个字上都有停顿

按照得分结果，熟练阅读者总分为 100 分；具有快速阅读习惯的人总分为 70～80 分；知识渊博，但还未养成阅读习惯的人总分为 40~50 分；大多数人总分在 30 分左右。

学习是我们自己的事

在学习的道路上独立行走——自学能力的培养

在物理学中我们都学过电磁感应定律和法拉第电解定律，这是英国物理学家和化学家法拉第分别于 1831 年和 1834 年发现的。你知道吗，法拉第出生在一个贫苦家庭，每天都吃不饱，根本没钱上学，连小学都没有念过。12 岁当报童，一边卖报，一边学认字；13 岁在印刷厂当学徒工，一边装订书籍，一边学习，甚至在送货的路上，他也不肯放过学习的机会。法拉第能看懂的书越来越多，学习能力也更强了，他便开始读《大英百科全书》对电学和力学产生了兴趣。于是他找来有关电学和力学的书自学，此时科学已经使法拉第产生了极大的钻研兴趣，于是他鼓足勇气给赫赫有名的学术权威戴维去信，表示："极愿逃出商界而入于科学界，因为据我的想象，科学能使人高尚而可亲。"

戴维非常欣赏法拉第的才干，决定把他招为助手。法拉第一边勤勤恳恳地干着勤杂工的工作，一边当实验助手，他很快地掌握了实验技术。戴维外出到各国有名的实验室去考察，在外出一年半的时间里，法拉第就一边做为戴维夫人的仆从，一边参加学习，这使他大长见识，还学会了法语。

回国后，他独立进行科学研究工作，不久便发现了电磁感应现象。1834年，他发现了电解定律，被命名为法拉第电解定律。他的发现震动了科学界，被恩格斯称为"到现在为止的最伟大电学家"。

法拉第有强烈的求知欲，对科学有非常浓厚的兴趣，他刻苦自学，坚持不懈，从一个没有上过学的普通工人，跨入了世界一流科学家的行列。

同学们，读完法拉第的这段事迹，你有何感想呢？是不是认识到：只要有那么一股钻研精神，坚持不懈，自学照样是可以成才的。是的，每个人都可以经过努力，不仅能把当前的学习搞好，而且也能去创造明天的辉煌！人是需要有那么一点精神的，它是鼓舞人、推动人奋进的力量。但要想在学习的道路上进步得更快，还必须不断地增长学力。终身教育的理念要求我们不仅要掌握系统的科学文化知识，而且要培养自己的自学能力。拥有了自学能力，才能适应终身学习的要求。这不仅仅是自我发展的一项战略任务，同时也是智力竞争时代的迫切需要。大朋友的话所谓自学能力是指学习者独立地获取、探索和应用知识的能力，它是由多种能力按一定的结构组合而成的有机整体。中学生的自学能力应包括如下要素。

①**独立确定自学目标和计划**。中学生应具有独立确定自学目标和计划的能力。这一能力体现在：能把握事物发展趋势确立自学目标；根据个人实际情况确定自学目标的难度，并将大的目标分解为具体的可操作的小目标；在自学过程中随时调整自学目标；制定实现目标的计划和措施等。

②**独立地选择自学材料**。中学生要根据自学目标，独立地选择自学材料，确定自学内容。因为自学内容是自学能力发展的基础，内容不同，自学活动的效果和水平也就不同。应首先确定自学内容的深度、广度和难度，并依此去选择适合自己的学习材料，明确所学的内容与自学能力的提高及身心健康发展之间的关系。

③**考虑自己原有的知识和技能结构**。中学生应正确认识自己原有的知识和技能基础，并做出正确估价。确立自学目标、选择自学内容时，就要以自己原有的知识技能为基础，且要略高于自己原有的基础，从而促使自己通过自学进一步提高自学能力。

④**把握自学的过程**。目标的实现有赖于过程的努力。

过程应包括：独立确定自学目标并制订自学；选择自学材料进行自学；独立地思考、完成作业；独立地检查作业，反馈自学结果，修正错误；及时复习巩固，系统概括总结；主动调节自学活动，创造性地应用知识技能。

⑤**独立的认知能力**。认知能力包括：观察力、记忆力、思维能力、想象力等，它是自学能力的核心，其中思维能力很重要，是核心的核心。在自学过程中，独立的认知能力常常制约着自学目标的确立、自学计划的制订及自学材料的选择与自学活动的组织，

影响着自学能力的整体功能。因此，中学生应该首先发展自己的认知能力，特别应注意思维能力的提高。

⑥**自学方法**。自学方法是指独立地搜集、贮存、加工和应用信息的方法。在自学过程中就是指预习、阅读、记笔记、归纳整理、完成作业、独立检测以及记忆、思维等方法的组合。当然，特殊的学科还应融入特殊的方法，如实验操作等。

⑦**自学活动的自动化、习惯化**。在自学活动中，不断地反复熟练自学的环节、方法、技能技巧，就会形成自动化的自学行为方式，从而养成自学习惯。

⑧**自学活动的自我调控**。中学生对自己的自学活动不断地进行反思，对自学过程不断地自我检查、自我评价与自我调控，以增强自学活动的自我组织能力，使自学活动有序、高效地进行。

有效地阅读策略决定自学能力的培养

自学常离不开阅读，阅读的效果又取决于有效的阅读策略。心理学家曾经研究在阅读材料中附加一些问题，通过这些问题激发学生阅读时的注意力，并观察其对学习的影响。例如，心理学家罗斯科夫研究了问题位置对阅读效果的影响。他以中学生作为被试对象，将被试者分成三组：甲组，阅读前看到问题；

乙组，阅读后看到问题，丙组，无问题组。阅读之后进行两种测验：一种测验未提问的材料，所测得的结果代表偶然学习；另一种测验提问过的材料，所得结果代表有意学习。结果表明，在阅读前附加问题的甲、乙两组比没有附加问题的丙组在有意学习方面的成绩好；但在偶然学习方面，问题附加在阅读之后的乙组成绩好。我们从这个研究中受到什么启发呢？设计问题，学会自我提问，自己回答问题，不仅可以提高自学时的注意力，还可以取得良好的自学效果，可谓一举两得。

三种提高自学能力的方法

（1）自学中的阅读技巧

学习与阅读分不开，而阅读教科书和信息书不同于其他书籍，需要不同的阅读方法。学会在阅读中学习，应注意阅读的三部曲。

①阅读前。列出你想发现什么以及你想去解决的问题；使用目录和附录索引帮助选择阅读内容。

②阅读中。注意信息是怎样被表达的，并探索该书是怎样组织知识框架的，这既可以帮助你学会组织自己的思想，还可以从章、节、段的标题中受到启发。思考每小段文字中的黑体字或主题句，这往往会促使你抓住这一段的主题思想或关键线索。

③阅读后。做笔记。试着用自己的话记录对书中要点的理解，这能帮助你消化已阅读的东西。很多书在每一单元结束时列出最重要的信息摘要，使用总结清单来确定你已经在笔记中总结的主要观点。

（2）自学中的笔记技巧

善于做笔记，不仅有助于知识的吸收，也是对个人思维能力的一种积极锻炼。在自学中，你不妨尝试以不同的方法做自学笔记。

①批注笔记。在阅读过程中随时可以进行，即在书中重要句段下面或侧面，

标上各种记号或写上自己的心得、见解与疑问。

②摘录笔记。把有关的语句、段落抄录下来，制成读书卡片，注上书名与页码，时间久了，还可以在条件允许的情况下统一编号存放，以备查用。

③提纲笔记。采用纲要的形式，按原文的章节、段落、层次，把书中的论点或主要论据，用自己的话提纲挈领地记录下来。

④心得笔记。读书之后写出自己的认识、体会、情感、启发与收获。这种笔记更接近思维的发挥与创作，是笔记的较高层次。

（3）自我反馈自学效果的技巧

反馈原来是物理学中的一个概念，是指放大器输出电路的一部分能量送回输入电路中，以增强或减弱输入讯号的效应。心理学借用这一概念，以说明学习者对自己学习结果的了解，以及通过了解学习结果起到强化学习的作用，从而促使学习者更加努力学习，提高学习效率。

如何检验我们的自学效果

①**主动质疑，寻师求教**。在自学过程中，善于从不同的角度向自己提问，检验自己在自学过程中对自学内容掌握的程度。在经过反复思考仍不得其解时，可以求教于老师，也可以与同学讨论，将自己的思维方法与老师、同学的思维方法做比较，寻找自己的不足，更好地从这一反馈信息中得到益处，改进自学方法，调整自学活动。

②**自拟试题，自我检测**。优秀的学生大都有这样一个习惯：在平时记笔记的时候，还同时将他们认为重要的、可能会考试的地方划上着重线，当学习告一段落时，便依据这些重点自拟试验性的考题，并在正式考试前做出答案，且依据自我检测所得到的反馈信息，去认真复习自己不满意的地方。有关专家经过论证，也进一步证实了这一做法的有效性。有此习惯的学生常常能更好地把握学习要点，考出好成绩。

③**练习巩固，灵活运用。**作业是巩固所学内容的一个重要途径，充分利用作业反馈当前的学习情况，以便及时调整。应从作业中看到自己掌握了哪些内容，有哪些内容似懂非懂或根本不懂，及时弥补。值得注意的是，自学效果检查的另一有效途径是灵活运用。高尔基说："你不理解的知识是无法占有的。"如果学习只是从书本到作业到试卷，那么，它们将很快从你的大脑中消失。但是通过日常生活中的灵活运用，进行小制作、小发明、小创造，不仅可以加深理解，还可以很好地反馈所学知识是不是已经真正属于你了。

提高自学能力有方法

明确学习的目的、意义和阶段

学习能够使人获得新的知识经验，我们在获得和应用新的经验时，不断地丰富扩充着我们的知识内容，重新塑造我们的个性，使自己的心理发生量和质的变化，并达到新的水平。我们和小学时候相比，学习课程的门类更多，内容的抽象概括程度更高，交往范围进一步扩大。通过中学课程的学习和生活锻炼，我们的知识积累、心理能力、个性成长都比小学时有很大的飞跃，我们在学习中慢慢地成长起来。这时，我们就应该懂得自己的义务、责任，促使自己对缺乏兴趣的学习任务，也要努力去完成。同时，还要把当前的学习与未来理想、实际应用联系起来，激发自己的求知欲。

很多时候，大家可能会比较怀念小学或者更早时候的童年生活，那时候可以无忧无虑的，学习任务也不是很重。可是，现在升入了中学，要学那么多的课程，内容的难度也提高了很多，真是觉得很吃力、很劳累。同学们想想，如果我们的知识水平一直停留在小学水平，那么将来进入社会，你怎么去和别人竞争呢？因为你

❋习惯点滴❋

著名的学者培根说过："知识就是力量"。有了知识，我们将来才能担当起建设祖国的重任。作为一个中学生，我们要明白学习的社会意义和个人意义——为什么学习。

只知道地球是圆的，大雁往南去过冬这种非常简单、人人都了解的常识。而社会需要高知识水平的人才，我们不可能靠小学那点浅薄的知识就能在社会上立足，所以，学习是要一步步循序渐进的，是要慢慢积累，并且不断地充实到达一个新的阶段，只有经历了初中，并且学好每一门功课，才能让自己的知识宝库越积越丰厚，然后顺利上高中，上大学。明确了这一点，你的学习动机也就相应的明确了，你就会更有学习的劲头了。

多反省自己，少怨天尤人

很多同学可能在学习遇到困难的时候，比如考试失败，就会把原因归到自己以外的因素上。比如说题目太难了，老师划的范围太大了不容易复习，自己的运气不好，或者考试前妈妈唠叨太多影响了自己的情绪等等，这些都是外在的客观原因。如果我们经常这么想的话，就会觉得自己对学习无能为力，而且会影响我们的自信心和坚持性，甚至使我们产生厌学情绪。但是相反，如果我们多从自己身上找找原因，看看是不是自己的能力和努力还不够，多反省自己，这样一来，就容易找回信心，能够有利于我们激发正确合理的学习动机，增强学习劲头。如果我们把学习好坏的原因多多地从自己身上找，更多地看到自己能力和努力的不足，那么，一旦我们成功，就会感到无比自豪和骄傲，因为这是通过自己的努力得到的成功，是比任何靠运气等外在因素得来的成果更令人感到兴奋。

李明这次在全校的数学竞赛中得了一等奖，高兴得哭了起来，要知道，他以前最怵的就是数学这门功课了。那么多的公式要记，那么多枯燥的数字符号，令他很是烦恼，于是经常抱怨数学太难，抱怨老师讲不明白。后来，他爸爸逼着他进了课余的数学补习班。在补习班上，李明发现一起上课的同学都是平时比自己成绩好的同学，"他们学习那么好，为什么还要参加补习班？他们为什么这么用功呢？"他开始觉得应该从自己身上找找原因了，他发现数学学不好是由于自己平时思想太懒惰了，不善于思考、动脑子，并且先入为主地认为数学最难学，所以一看见数学就没了精神。自从找到真正的原因以后，李明便激发了自己正确的学习动机，开始发奋努力了，逼着自己去看数学课本，逼着自己去做题。因为他觉得，别人能学好，自己一定也能够学好。最后，在领奖台上，他激动地说："学习不能依赖别人，要靠自己的努力！"

制订一个合理的学习计划

很多同学可能有这样的学习习惯，就是在不同的学习阶段，会给自己制订不同的学习计划，应该说这是一件好事情。但是，许多同学可能执行计划后觉得收效甚微，或者反而对自己的学习丧失了原有的信心，这是怎么回事呢？原因可能是你对自己的期望过高了，因而制订了一个超出自己实际水平的计划。这样一来，当然会以失败告终。所以，我们要强调的是，学习计划一定要合情合理，不能过高，也不要低估自己的水平。

其实这里要讲的就是我们要学会调整自己的动机水平，我们要知道，并不是说学习动机越高，学习的效果就会越好。如果你在班上处于中下水平，你想在一个星期内变成前三名是不可能的，如果你硬是给自己加上这个迅速提高成绩的枷锁，那么效果只会适得其反。研究表明，中等强度的学习动机会产生最高的学习效率。那么这个强度怎么来把握呢？其实很简单，就是要"跳起来摘桃子"。我们既不要自以为是，也不能妄自菲薄，要在学习计划里设定一个通过自己的努力可以实现的目标。太容易的目标不能满足自己的成就感，不足以激发动机；难以实现的目标，也容易使自己畏难、气馁。而中等难度的学习目标，使自己"跳起来摘桃子"，经过努力可以实现，从而使我们体验到成功的快感，从而激发起我们的学习动机。

举一个具体的例子来讲，比如我们要制订英语的学习计划，详细一点的话可以把每天的具体安排都写下来，什么时间里做什么事情，如：

早晨：6点30分到7点30分，背诵单词，朗诵英语课文，尽量多读，达到熟练水平。

上午：上课时认真听讲，积极思考，勤做笔记。跟上老师的进度，做到不懂就问。

中午：12点到1点，和同学练习口语，每天设定一个话题，告别哑巴英语。晚上：6点到7点，复习白天课堂上所讲内容，并且预习第二天的课文。

10点到11点，收听广播里每天的英文节目。

上面只是个例子，还有更详细的学习计划就是把每天要背诵多少个单词，朗读多少课文，做多少英文练习题都一一写下来。要强调的是，一定要根据自己的学习水平来制定，不能因为急于求成，而规定自己一天一定要背诵100个单词，做50页的练习题。这都是无形中给自己设定的枷锁，因为你肯定没法做到。而一旦你完成不了计划中的要求，就会觉得自己无能为力，从而对学习丧失信心。因此，我们可以给自己定下10个单词，2页习题等等这样中等强度的目标。然后，稳扎稳打地去实行。坚持一段时间，觉得比较轻松的话可以加到15个单词，5页习题等等。那么在这种稳中求进的过程中，你就会慢慢地激发了自己的学习动机，学习有劲头了，学习的乐趣自然就来了。

测一测你的自学能力如何

请你对以下每种情况与自己符合与否做一个判断。

(1) 上课老师提问时，我喜欢听同学回答问题和老师的总结。（　）

(2) 我的学习成绩比别人差就会感到难过。（　）

(3) 做功课和接待朋友这两件事，我更喜欢后者。（　）

(4) 每天晚上和星期天的学习时间，我都安排得井井有条。（　）

(5) 我觉得学习真是一件苦差事。（　）

(6) 作业中遇到难题，我喜欢自己动脑筋思考去解决。（　）

(7) 我很少预习也照样听课。（　）

(8) 假期我也是每天学习，从不赶作业。（　）

(9) 不感兴趣的课程，我就不愿花大精力去学。（　）

(10) 我喜欢和别人讨论学习中的问题。（　）

(11) 我听课时从不走神，总是尽量关注老师讲课的内容和意图。（　）

(12) 学习成绩不好，我不在乎。（　）

(13) 我在考试前"临阵磨枪"，效果往往挺好的。（　）

(14) 即使是我特别想看的电视节目，在做完作业之前也不看。（　）

(15) 老师留的选做题太难了，我一般都不做。（　）

(16) 就是想多学一些知识，考试不考试无关紧要。（　）

(17) 我在学习上有忽冷忽热的毛病。（　）

(18) 我喜欢习题的多种解法。（　）

(19) 上课没听明白的问题，我也不愿问老师或同学。（　）

(20) 我不埋怨老师讲得不好，主要靠自己努力。（　）

(21) 我喜欢解答能从教材中找到答案的问题。（　）

(22) 偶尔一次考不好，我不会气馁，总会赶上去的。（　）

(23) 我在学习时，有点噪音就学不下去了。（　）

(24) 不管老师是否布置作业，我都有自己的学习内容。（　）

(25) 现在学的东西，将来用不上，不是白学了吗？（　）

(26) 平时有个小病小灾的，从不敢耽误学习。（　）

(27) 每次发下试卷，只要听明白老师的试卷分析就不再改正试卷中的错误。（　）

(28) 当天的功课当天完成，我从不拖拉。（　）

(29) 我不喜欢看课外参考书。（　）

(30) 有问题时，非得弄个水落石出不可。（　）

(31) 每天课后写完作业，我就觉得踏实了。（　）

(32) 每次考试后，分析自己的试卷，找到知识中的缺陷。（　）

将你选择的结果统计一下，凡偶数序号的内容，你选择"是"，请记 1 分，选"否"记 0 分；凡奇数序号的题目，选"否"记 1 分，选"是"记 0 分。

将统计结果相加，按以下标准来评价自己学习动机的强弱。

25~30 分学习动机很强

16~24 分学习动机一般

15 分以下学习动机很弱

自我反馈——检验自己的学习效果

自我反馈是训练自己对自己的行为进行评价，对自我计划的目标能否实现、实现效果如何、自我管理的效果进行评价，并对计划与管理中的有关失误进行调整，建立一个更为合理可行的计划。这是一个对自我计划、自我管理的调整过程，也是非常重要的。所谓"吃一堑，长一智"，我们要及时发现错误，及时总结经验，及时反馈给自己，并且及时做出正确的调整。

有时候我们的学习计划、学习方法、学习习惯等会出现一些错误，如果不及时纠正，就会对学习产生不良的影响，所以自我反馈技术也是必须要学会的一种学习监控方法，缺少了这一步，有时候我们的学习会误入歧途而无法自拔。来看一个同龄人的学习故事。

王睿一直以来都喜欢看书到深夜，通常都是 12 点才合上书本。但是白天却没有什么精神，上课总打哈欠、想睡觉，听课的质量当然就比较差了。但是，他却对自己的学习方法很自信，觉得很有效果。因为，每到夜幕降临的时候，他学习的感觉就来了，大脑会很兴奋，背单词啊，背课文啊，记数学公式啊，都很来劲。所以，

❋ 习惯点滴 ❋

王睿同学的经历是很可惜的，我们应该从他身上吸取这样的教训，那就是：学习过程中要进行不断地反思，不断地给自己反馈信息。看看自己上一阶段的学习任务是否完成，是否达到了自己的目标，学习效果如何等等。如果不管三七二十一，一味地按照自己的意愿去学习，出现了问题也不纠正，那么后果会不堪设想，后悔的只能是你自己。

他给自己定的学习计划，都是在晚上的时间里完成的，而没有白天的安排。他对自己的这种学习方式乐此不疲，并且理所当然地认为别人在白天学到的东西，他通过晚上的高效率学习也同样能够获得。因此。他和许多同学一样，给自己定的目标就是要考上市里的重点高中。这个方法在初一、初二的时候还比较管用，没有出现什么大问题。可是，自从王睿升入了初三，学习成绩就每况愈下，考试成绩一路下滑，最严重的时候出现了不及格的现象。老师发现他上课总是像泄了气的皮球。耷拉着脑袋，似听非听。到了初三这个关键的时刻，课堂上经常会讲一些考试常见的类型题目和难题的解答方法，这些内容对于中考来说，是非常重要的。可是，王睿听进去的却很少，也没法及时地做笔记，所以回家也不能相应的复习好。而且，他的学习计划越来越没法执行下去了，他晚上开始失眠，精神亢奋，白天就一点儿精神也没有，学习出现了极大的危机。但是，他却始终没有意识到自己在学习方法和习惯上出现了问题，没有想着要去纠正，最终，中考名落孙山，以失败而告终。

和书本发生化学反应——激发我们的学习动机

什么叫做学习动机呢？简单地讲，就是促使我们学习并且能够达到一定效果的一种直接的动力、原因和因素。人类的一切活动都是由一定的动机引起的，比如说我们感觉饿的时候，想要饱餐一顿满足自己的需求就成为我们饮食的动机；而当一个酷爱足球的人为了看足球比赛彻夜不眠的时候，他的动机就在于对足球的热爱以及由此而得到的一种强烈的好感。学习呢，属于人类活动的一种，因而它也是由动机来驱使的，如果没有了一定的动机，我们人类就不会孜孜不倦地去探索科学知识，也不会有那么多的科学家、发明家出现了。

动机是和我们的需要联系在一起的，任何动机都离不开需要，可以说，动机是推动我们为满足自己的需要而采取各项活动的直接动力。我们需要美的时候，就会产生逛街购买新衣服、首饰打扮自己的动机；我们希望拥有强健体魄的时候，就会产生早睡早起锻炼身体的动机；当我们觉得将来要好好为祖国和社会贡献聪明才智、报答父母的时候，就会好好学习，天天向上，这就是我们所要说的学习动机。

对于青少年来说，不同的学生，有不同的学习动机。有的同学可能是因为自己本身有求知的兴趣和一种强烈的学习欲望；而有的同学，学习可能纯粹是为了得到爸爸、妈妈的奖励和老师的夸奖；也有的同学，觉得学习是一种快乐的事情，是发自内心的一项责任和义务；还有的同学，就是为了将来能够得到一份好的工作让自己生活得更幸福。所以，如果要将学习动机进行分类的话，我们可以依据它形成的原因，把它分为两种，那就是内部学习动机和外部学习动机。

内部学习动机就是指由我们的需要、兴趣、愿望、好奇心、求知欲、理想、信念、人生观、价值观，以及自尊心、自信心、责任感、义务感、成就感和荣誉感等内在因素转化来的，因为这是我们内心所具有的因素，所以具有更大的积极性、自觉性和主动性，对我们的学习活动有着更大、更持久的影响力。

外部学习动机是指由外在的诱发因素，比如说社会的要求、考试的压力、父母的奖励、老师的赞许、朋友伙伴的认可、评优秀学生、获得荣誉称号和奖学金、报考理想的学校、求得理想的工作、追求令人向往和羡慕的社会地位等因素激发起来的，表现为心理上的压力和吸引力，因而这种动机也是我们学习动机结构中的一个主要组成部分。但是，由于这种外部的学习动机很容易受外在因素的影响，会随着外部条件的变化而变化，因而和内部学习动机相比，具有很明显的目的性和可变性。如果诱发因素发生了变化，外部学习动机的强度也会发生变化。比如说，如果你学习的动力完全来自父母的奖励，只要你考试考得不错，妈妈就会奖励你暑假旅游或者给你买想要的东西。但是，突然有一天，妈妈宣布不会再有这种

❀习惯点滴❀

不管是主导性的还是辅助性的动机，只要它们的方向是一致的，并且符合社会的要求，且有利于我们的身心健康成长，对我们来说，就是有意义的。

奖励的时候，你对学习和考试可能就会抱一种无所谓的态度，不管考得好还是不好，反正已经没有什么动力了。很显然，这种外部学习动机如果得不到及时有效的调节，就会影响我们的学习效果，可能会产生不良的后果。

当然，学习动机还可以用别的方式来分类。如用时间来划分，可以分为近期的学习动机和长远的学习动机。从长远的角度来看，我们的学习不仅仅是个人的事情，还和我们的家庭、社会联系在一起。我们学习的意义在于个人意义、家庭意义和社会意义的统一，而这种统一是指向未来的，不是短时间里能够实现的，因而具有长远性。那么近期的学习动机呢，它具有直接性，是由我们在学习的过程中获得的体验和结果引起的。比如，学习的内容非常有趣，老师上课非常生动，因而我们感到快乐和舒服，或者在考试中得到了理想的成绩，受到了老师和爸爸、妈妈的表扬等，这些都可以成为我们近期学习的动机。但是，这种动机是暂时的，而且是不稳定的，有时候会对我们的学习产生不良的影响。

举个例子来说，我们现在要学很多门功课，语文、政治、数学、英语、物理等，每一门功课都不能落下。但是，如果我们对其中一门自己喜欢的、考试成绩好的功课特别喜欢学，而对别的功课都没有了兴趣，不愿学也不想学，产生了偏科的现象，那么对我们的成绩是会有很大影响的，毕竟一门功课再好，也不能代替所有的功课，这种学习动机就不利于我们的学习，是必须要学会克服的。

学习动机还可以按照动机的强度分为主导性学习动机和辅助性学习动机。因为通常来讲，我们的学习动机不是单一的，也不是一成不变的，而是有主导性学习动机和一些辅助性的学习动机组合起来的一个体系。主导性学习动机的动力最强，占据了主导地位，对我们的学习起着最重要的作用，而辅助性的学习动机相对来说比较弱，对我们的学习起着次要的、从属的、辅助的作用。我们现在的主导性学习动机一般来讲都是想考出优异的成绩然后升入高一级的学校。除此之外，还会有一些辅助性的学习动机，比如争取考一个好的成绩来得到老师的赞赏，争当三好学生和优秀干部以获得各种各样的荣誉等。

　　好了，以上让大家简单了解了一下什么是学习动机，学习动机有哪些类型，也让大家了解了学习活动是离不开动机这一重要因素的。那么大家可能会问，为什么在学校里，有那么多的同学都不喜欢认真学习，一看见书本就头疼，成绩总是不理想？我们应该怎样来激发自己的学习动机，并且让自己保持对考试、上课、看书这些学习活动的热情呢？好的，下面我就来告诉你怎么做。

　　先请大家来看这样一个同龄人的故事。

　　小刚初一的时候是个很不爱学习的孩子，提到学习就会没精神，上课打瞌睡，放学后便和同学去游戏厅或者在外面玩，就是不愿意回家做功课。老师说他不用功，家长骂他不争气，但都不起什么作用，他依旧"逍遥自在"。直到有一次，小刚期末考试所有的课程都挂了"红灯"，老师当着全班同学的面对他说："你可真行，这次寒假过年，你的家里就不用开灯了，你把这些'红灯'带回去就行了。"同学们都笑了，小刚一下子意识到了问题的严重性。看着"万里江山一片红"的成绩单，他猛然间觉得自己太不像话了，在同学面前丢了脸，回家肯定还要挨一顿批。

　　可没想到爸爸并没有骂他、打他，而是帮他分析原因，寻找根源，并且鼓励他从此以后要努力改变这种糟糕的状况。小刚得到了启发，于是就从寒假开始，重新温习了考试的科目。他惊奇地发现，原来学习对他来说也不是那么困难，有时候还是很有乐趣的。尤其是在求解一道道难题的时候，虽然几经思考费尽脑细胞，但是解出答案来之后的那种快乐是振奋人心的。他快乐地告诉爸爸妈妈，他发现自己的学习有劲头了，解除难题就是一种动力，而且很多题是班上一些优秀的同学都做不出来的，而他竟然能够迎刃而解。自从有了这种动力，小刚的学习变得刻苦又勤奋起来，即使有时还会很想念那些疯玩的日子，但是小刚却是从内心里喜欢上了学习、求知的课堂生活了。因为他明白了，有许许多多的难题在等着他去解答，如果不解决那些问题，他会不快乐的。

　　小刚是找着学习的动力了，他学习的动机很简单，也很明确，就是要解算出一道又一道的难题，这样他学习起来就会有劲头，有乐趣。你们在学习中有没有想过要去激发自己的学习动机呢？可能有的同学会认为，只有那些学习有困难，讨厌学习的人才需要去激发自己的学习动机，而学习好的学生就不用这样做了，顺其自然就可以了。其实不然，学习有困难的学生当然要努力学会克服障碍，发掘自己的学习动机，从而找到正确的学习方法；而学习好的同学同样要努力保持自己对学习的热度，并且要尽可能地提高学习动机的强度，让它永葆活力，使自己在学习活动中有激情，有坚持不懈的强大动力。所以说，激发学习动机，增强学习劲头，是我们大家都要努力学会的事情。

给学习喷洒"催化剂"——学习兴趣的培养

学习兴趣是学习动机的一个非常重要的来源，没有了学习兴趣，就会缺乏学习的动力，学习就没有了劲头。因而，在这一部分里我们要着重讲述一下学习兴趣的培养。同学们应该都很熟悉兴趣的含义。概括地讲，兴趣是一个人力求接触、认识、掌握某种事物和参与某种活动的心理倾向。例如，一个人不仅喜欢听音乐，喜欢唱歌，而且特别关心音乐方面的消息，探索音乐方面的知识，我们说这个人对音乐产生了兴趣。如果一个中学生特别喜欢上历史课，看历史书籍，收集有关历史方面的资料，我们说这个学生对历史产生了兴趣。兴趣和动机一样，是在需要的基础上，在社会活动中产生和发展的。例如，由于历史的原因，20世纪六、七十年代的少年失去了学习的机会，他们缺乏知识，给工作和生活带来了困难，因此，他们中的许多人就产生了学习知识的迫切需要，从而促使他们去努力学习，逐渐对学习产生了兴趣。但是，人的需要和兴趣并不是一成不变的，随着社会的发展进

习惯点滴

兴趣是来自个体内部的一种力量，只有发自内心的兴趣才是真正有利于学习的，任何由外部强加的力量都不会成为兴趣的来源。我们之所以说要鼓励自己，就是想强调这个内部性，只有从主观上去培养我们的学习兴趣，才能踏踏实实地学好每一门功课。

步，人们的需要和兴趣也会随之发展和变化。

兴趣对人们的活动起着积极的作用，特别是对我们学生的学习起着推动作用。兴趣是学习积极性中一个最积极、最活跃的心理因素。如果我们对学习产生了兴趣，就会自觉地、积极主动地进行学习和探索。这时，学习就变成了一种乐趣，而不是一种痛苦，当然也有助于我们取得较好的成绩。因此，我们说，"兴趣是最好的老师"，它对我们的学习和智力开发都具有重要的意义。

一个人对某一事物产生兴趣时，他就会主动地、积极地、执著地去探索，去思考。相反，若在学习过程中丧失学习兴趣，就容易产生枯燥心理甚至厌倦心理。因此，有意识地去培养我们的学习兴趣十分重要。激发了兴趣就等于找到了推动学习的内在动力，打开了我们创造性思维的大门。

有的同学可能会有这样的抱怨：上课时，老师只是照本宣科，语言干瘪，没有一点生动活泼的味道，就好像"催眠曲"一样让人感到乏味，怎么让我们提起精神来听课啊，学习的兴趣自然就没有了。这是很正常的一种现象，但是，真正的学习兴趣并不是从外部得来的，而是发自内心的一种需求，是自己内心里的一种倾向，是把学校、社会的客观要求转变成自己的一种主观意愿。要培养学习兴趣，就要学会克服外部障碍，学会正确的学习方法。下面，请看看我们给你的建议是不是有帮助。

鼓励自己成功

有人做过一个实验，叫一些3～5岁的儿童识字。读第一课时，有几个儿童很成功，第二天他们很高兴地再来读这课书。有几个在第一次失败了，第二天他们就不热心了。再经过几回失败，他们甚至厌恶这个活动，不愿再继续下去，或者想做别的活动，或者躲着不愿意来了。即使经过称赞、表扬，他们还是不喜欢这个使他们曾经失败过的活动。后来，其中有些儿童，经过劝诱、鼓励，在识字上取得了成功，他们才逐渐对识字表现出积极的态度。

所以学习的成功是最能够使我们感到满足、愿意继续学习的一种动力。如果我们克服了较大的困难而获得成功，那么以后的学习就会更积极，兴趣就越浓厚——成功感是激励我们努力学习的强大动机。

但是，成功不是像采摘果实那样轻松就能得来的，成功也不会轻易降临到每个人头上，如何去体验成功后的喜悦全在于我们自己。也许对于有的同学来说，考第一名、得一等奖才算是成功。而对于有的同学来说，过去不及格，现在考试及格，受到老师的赞许就算是成功。如果我们试着对自己的要求适当的放低一点，也就是我们试着学会把成功定义得辩证一点，只要有一点点的进步，就对自己说，我成功了，从而给自己创造一个良好的心情。这样一来，在一次次的自我鼓励下，你会发现，成功在慢慢地积累，学习的兴趣也在一点点地增加。少年朋友们，我们不应该一味地苛求自己，雄心壮志当然要有，但也不能不切实际、漫无边际地要求自己。给自己这样的暗示："有点儿进步就可以算成功"。那么如果你两次考试成绩都一样，仅仅从成绩上看虽然没有什么进步，这样就不算成功了吗？不是，当你仔细分析一下，第二次的考题比第一次的难得多，那么实质上，你还是有进步了，这么"诱导"自己，其实就是在自己鼓励自己，你就会真实地看到自己的成功，这样你就不会对学习失去信心了。

佳珍就是这样一个在学习上经常给自己鼓劲的孩子。虽然，她的学习成绩不算优秀，只能算是中等水平，但是在平时的学习过程中，她总是能够保持一种积极上进的状态。有一次数学测验她考了60分，刚及格，妈妈非常不高兴，责问她成绩怎么这么差。她说："60分怎么了，我自己已经很满意了，我以前还经常不及格呢，妈妈，你要看到我的努力和进步啊，这次60分，不代表我下次还是60分。"果然，在下一次的测验中，她就考到了80分，在班级中排到了中上的名次。妈妈虽然对她要求很高，但是看到她的确是在进步，也就没说什么。佳珍不光是在测验中一次次地鼓励自己，而且在课堂上也是这样。她总是尽力去思考一些问题，然后逼着自己克服害羞的心理，举手请求老师解答，有时候问题显得很稚嫩，但只要老师耐心地给她解答，她就把它看做是攻克了一道难关，这样一来，她就觉得自己是在慢慢地进步。所以她坚信，一定会在今后的学习中获得更大的成功。她给自己定的目标是要进入班级前十名，评上三好学生，获得各种竞赛的奖状等等。有了这些憧憬，佳珍的学习兴趣就从来没有减退过。

在竞争中培养兴趣

"永不言败"是晓明的座右铭，他是一个在学习上喜欢和别人竞争的孩子，当然竞争的范围主要是在自己的班级里。因为他觉得，只有先在班级里把同学们"打败"，才能有资格和全年级的同学比赛。所以，在和同学们友好相处、互相帮助的基础上，他经常暗暗地和学习成绩与自己相当以及比自己好的同学竞争，不断地超越自己。好多次，有几个原来和他水平差不多的同学的名次超过了晓明，他都不灰心，总是及时总结经验教训，寻找原因，并且主动向他们请教学习方法。然后结合自身的情况，重新制订学习计划，并且贴在墙上。每天都要严格地执行，力求赶超那些同学。

晓明发现，在这个过程中，他能够保持对学习的兴趣，并且让自己永葆活力，不会觉得学习是件很累的事情，更不会感到厌倦。

是竞争使他培养出了对学习的兴趣，只要竞争不间断，兴趣就不会减退。

班集体是除了家庭以外，在我们成长过程中非常重要的一个场所。在这个集体中，有同学之间的友谊，有团体活动的乐趣，有互相帮助的温暖，也有互相竞争的动力。所有的这些都是人生的重要课程，学好了，有利于我们将来走向社会。尤其重要的是，我们这个社会是充满竞争的社会，谁不会竞争，谁就没有能力去竞争，就很容易被淘汰出局，很难在社会上立足、发展。因此，我们应该好好利用在班集体中的时光，学会学习，学会竞争，在相互的竞争中找到学习的动力，从而培养出自己的学习兴趣。

志向指导我们的学习

中学生小刚活泼好动，学习成绩一般。因为非常顽皮，所以经常会受到老师、家长的说教、指责：谁谁有出息，当了干部、教授；谁谁没有出息，当了工人……使小刚对学习渐渐失去了兴趣。但他却对烹饪很感兴趣，一见电视里的"每日一菜"节目，眼睛就发亮，还不时到厨房里一试烹饪的身手。于是，小刚就希望自己将来能够成为一位星级酒店的大厨师，可以游刃有余地做出美味可口的菜肴来。能够听到顾客的赞美之声，他觉得这是非常快乐的事情。同学们，我们来看看，小刚同学是有很美好的愿望，就是将来能够成为著名的大厨师。但是，我们来帮他想想，他现在就对学习没有了兴趣，不愿意读书，那么他就没有办法学到一般性质的科学知识，比如语文、数学、物理等等这样一些科目。不学好语文，那么对语句的意义就无法很好地理解，如果将来看不懂菜谱，就没法钻研出好的烹饪技术来。也就是说，如果现在不好好学习，他的梦想必将会泡汤。

心理学的研究结果已经证明：最大的兴趣来自我们的理想和信念。很多同学都有非常伟大的理想和信念，比如说将来要当科学家、文学家等。或者有的同学对某些职业很向往，比如将来想做个大厨师、记者、外交家等。虽然实现我们的志向需要比较长的时间，但是我们不要认为志向和现在的学习没有关系。相反，这两者之间是息息相关的。我们现在要做的，就是结合我们的伟大志向，脚踏实地的好好学习，或者可以用伟大的志向来指导我们的学习。

一般来说，有什么样的志向，相应的就会有什么样的兴趣爱好。比如，如果我们将来想当个文学家，就会对一些文学作品感兴趣，喜欢读散文、诗歌、戏剧等等；如果我们将来想当体育健将，就会喜欢看一些体育节目，喜欢打篮球、踢足球、游泳等等这样一些体育运动。作为学生，应该结合自己的爱好志向，把对某些事物的兴趣和学习结合起来，在学习中逐步加深自己的爱好，并且为将来实现自己的理想打下坚实的基础，一举两得，何乐而不为呢？

中学生何林将来想当一名考古学家，从小就喜欢收集邮票古钱币这些玩意儿。因为喜欢得入了迷，以至于刚升入初中时就产生了厌学的情绪。他总想一整天待在古玩市场里看各种古老的珍奇宝贝，发现有自己喜欢的就想买下来。爸爸、妈妈着急了，孩子不学习怎么行，以后不能靠那么一大堆邮票、古钱币生活呀！但是，父母都是通情达理的人，明白不可能一下子扼杀掉孩子的这个兴趣爱好，只能靠循循善诱，慢慢地开导来解决问题。

一次，当何林在桌上摆弄那些古钱币的时候，爸爸走过来，拿起一枚乾隆通宝，假装不懂地问道："这是什么年代的啊？"

何林很不以为然地说："爸爸，你怎么连乾隆通宝都不知道，历史怎么学的？"爸爸接着问道："你历史学得好吗？不也是不及格嘛？"

何林一下子脸红了，想到自己的历史成绩确实一直挂红灯，很是惭愧，以为爸爸要骂自己了。但是爸爸情绪很平稳，语重心长地对他说："林林啊，爸爸妈妈知道你有收藏的爱好，也从来没有反对过你，但是，这只是一种爱好，不能因为它而放弃学习呀！"

> ❋ 习惯点滴 ❋
>
> 何林通过努力，将纯粹的爱好转化成了对学习的兴趣，这种转变，是非常难能可贵的，是值得我们学习和借鉴的。我们平时的业余爱好固然能够陶冶我们的性情，增添生活的情趣，可是，它们毕竟是副业，真正的主业是学习，但是两者并不是完全隔离开来的，只要我们有心，就可以将这两者有机地结合起来，分清主次，互相促进，达到一种最佳的学习生活状态。

"可是，爸爸，我将来想当一名考古学家，专门去挖掘这种古代的东西，学校里开的课程对我的理想一点都没有帮助。"

"你怎么知道没有帮助，你现在是打基础的时候，任何知识都需要学一点。你要当考古学家当然很好，可是，哪有考古学家历史考不及格的呢？还有，你如果不学语文，不懂古文，以后挖出来的古董上的文字你怎么看得懂呢？你不学数学，没有数字上的概念，怎么去测算这个古董是多少年代以前的呢？你不学英语，将来如果去外国考察，怎么和外国的考古学家交流呢？这些问题，你想过没有啊？"

何林听了爸爸的一席话，脸红得更厉害了，一下子觉得自己是该好好学习了。虽然自己的理想很美好，但是光收集钱币是没办法实现自己的理想的。

想明白以后，何林就开始慢慢地把自己心中伟大的志向转变成对学习的兴趣。学历史的时候，他特别注意各个朝代的更替，因为它收集的钱币就是不同朝代的，这样有助于他理解。学习语文，他就努力学习古文，一字一句都不放过，因为他牢记着以后要给古董上的文字做翻译。同样他认真地学习数学、英语等一些科目，为实现将来的梦想打好坚实的基础。

习惯成自然

学习习惯的养成

习惯不是一般的行为，而是一种定型性行为。比如，吃一次巧克力是一种行为，但喜欢吃甜食就是一种习惯；偶尔去游泳馆游泳只是一种一般性的行为，但是每天早晨坚持跑步就可以成为一种习惯。

养成良好的习惯是行为的最高层次。可以这么说，我们应该从现在开始就积极培养起各种良好的习惯。如文明礼貌习惯、学习习惯、劳动习惯、卫生习惯、语言习惯、思维习惯等等。作为一个学生，我们尤其要着重培养的就是良好的学习习惯。

那么究竟什么叫做学习习惯呢？

✳习惯点滴✳

在我们的社会中，许多成功了的人都有一套自己的学习习惯，良好的学习习惯的养成对我们的学习有很大帮助。我们在学习活动中可能也会遇到这样的情况，习惯在书本上做一些记号，比如说打个星号，画个红杠，做个着重号什么的。这些行为已经不是偶然发生的，而是一种很自然的不用去思考就能产生的行为，那么我们可以说，这就成为一种学习习惯了。

我们认为，学习习惯是在学习过程中经过反复练习形成，并发展成为我们的一种需要的自动化学习行为方式。具体来说，学习习惯可以具有下面几个基本含义。

学习习惯是在行为上体现出来的

习惯的形成要涉及我们的认识、情感、行为各个层面的心理过程，但是，如果我们没有表现为外在行为的变化，即使在认识和情感上有所变化，也不能认为已经形成了某种习惯。可能我们会发现这样的情

况：每次考试试卷发下来之后，我们都会发现许多本应该会做的题目却做错了，而且考试的时候自己也确实是认真查了好几遍的，可怎么就没有查出来呢？其实，在这种情况下，我们并不是完全不能检查出错误来，而是还没有形成良好的检查习惯。也就是说，我们也许已经在意识上想到要去检查错题，可是在行为上，却还没有很好地表露出来，也就是还没有养成检查的好习惯，学习习惯是在行为上体现出来的。

学习习惯是在后天学习过程中形成的

生物进化观点认为，学习和本能是生物有机体适应环境的两种基本方式。本能是先天决定的，这是每个物种都固有的，如人类婴儿和其他哺乳动物生下来就会吃奶。人类的许多本能都不如其他动物，但人类却拥有动物不可比拟的适应能力，这就是因为人类具有极为强大的学习能力和潜能。学习是后天的经验所引起的变化，学习习惯也只有在后天的学习过程中才能形成。我们不能抱有这样的奢望：认为我们的学习习惯不用去努力养成，它是天生的或者它会从天而降。那就错了，小孩子如果没有大人的指导，没有良好的学习氛围，是不会自主地养成良好的学习习惯的。

学习习惯具有相对持久性，有一定的自动化活动性质

习惯和一般行为的主要不同之处就在于习惯保持的时间相对较长，而且有关行为的自我意识控制水平降到了最低限度。北京大学康健教授在谈到他自己的读书习惯时，就讲到这样一个有趣的事例。

"我在读书的时候会非常详细地在书上勾画和写一些随笔。有时是一些问题或是一些联想，可能是一些不满意，没有什么章法，想到什么就写什么。为什么说这已经是一种习惯呢？有一次，我从教育系图书馆借了本书，当时我觉得这本书挺好，然后就按照习惯开始写画，结果半本书看过去了才发现这本书不是自己的。我赶紧写了一份检查夹在书里，以便后来人看见了说'谁干的？康健干的。'我是愿意承担这个责任的。说心里话，这就是因为养成习惯了，不是习惯的话不至于这样做。"

正是由于康健教授已经形成了读书时勾画和写随笔的习惯，阅读时对勾画和写批注动作的监控往往不是处于有意识的水平上，所以才会出现这样的趣事。

学习习惯是我们的一种内在需要

学习习惯形成以后，如果得不到满足或者行为方式受到破坏，我们就会产生不愉快的感觉。初中生炎炎的个人体验就可以说明这样的感受。"尽管我学习很忙，但我还是喜欢把写字桌和我的屋子收拾得很整齐。许多同学的屋子都是靠爸爸、妈妈来收拾的，如果我让妈妈来帮我打扫，也是很自然的事情，因为她很心疼我。妈妈已经多次提出要帮我收拾，但都被我拒绝了，我要亲自打扫。这已经是我的一个习惯了，倘若我看到那些书本、文具什么的乱七八糟地放着，我从心里不能容忍，我必须把它收拾干净，个人习惯在学校也是如此。我回家后，如果觉得书桌很乱，我不会先吃饭，必须先把桌子收拾干净，这样我学起来就会感觉很舒服，学习效率也会提高。"凌乱的环境总是使炎炎产生非常不愉快的感受，而每天把书桌收拾得整整齐齐时，则能够使她感到内心愉快。所以，虽然学习生活比较繁忙，她还是愿意自己动手打扫清理自己的空间，这就是因为她已经养成了把学习用具收拾整齐的好习惯，这已经转化成她的一种内在要了，离开了这种需要，她就会觉得不自然，对自己学习也会产生不良的影响。养成良好的学习习惯是对初中生的一项基本要求。当然，这也是一个过程，因为习惯的养成都需要经过一定的阶段，而不是一蹴而就的。一步登天是

种妄想，灰心丧气也不应该。我们要学会利用一切学习时间来锻炼自己，逐渐地养成一种适合自己、对自己有帮助的学习习惯。1978 年，75 位诺贝尔奖获得者在巴黎聚会。有人问其中一位："你在哪所大学、哪所实验室里学到了你认为最重要的东西呢？"出人意料的是，这位白发苍苍的学者回答说："是在幼儿园。"又问："在幼

儿园里学到了什么呢?"学者答: "把自己的东西分一半给小伙伴们;不是自己的东西不要拿;东西要放整齐,饭前要洗手,午饭后要休息;做了错事要表示歉意;学习要多思考,要仔细观察大自然。从根本上说,我学到的全部东西就是这些。"这位学者的回答,代表了参加聚会的科学家的普遍看法。把科学家们的普遍看法概括起来,就是他们认为终生所学到的最重要的东西,是幼儿园老师给他们培养的良好习惯。著名学者培根,一生成就斐然。他在谈到习惯时深有感触地说: "习惯真是一种顽强而巨大的力量,它可以主宰人的一生,因此,人从幼年起就应该通过教育培养一种良好的习惯。"

联系现实生活中的人和事,再仔细分析一下,就会感到那些科学家的话、名人名家的话确实包含着深刻的道理,尤其是在学习问题上,几乎对于每一个人都适用。青少年朋友们,如果你渴望获得较好的学习成绩,如果你渴望有效地利用时间,如果你渴望将来在学术上有所建树,那么,就请你尽早养成良好的学习习惯。

良好的学习习惯有很多种类,我们有选择地给大家介绍以下两种。

一心向学的习惯

一心向学的习惯,是所有学习习惯中最重要的习惯。这种习惯一旦养成,你就会主动、自觉地甚至不由自主地把万事万物都与学习联系起来,你的手、眼睛、耳朵便会成为知识信息的扫描仪和接收器,你的大脑便会成为容纳知识,并且对其进行过滤、加工、再造的法宝。同时,你会感到生活到处都有乐趣。

具有一心向学习惯的人,能够充分地利用时间。这种人在看书、看报、看电视乃至做一切事情时,都能把注意力的"光圈"调到与学习相关的"目标"上去;能够利用所有的闲暇时间直接或间接地做与学习相关的事。只要你注意观察就不难发现,知识分子,尤其是有所追求的知识分子,在看电视时大多倾向于看与知识、信息、时势相关的节目,看与自己所从事的专业相关度大的节目;而一般的人们则喜欢看武打、枪战、歌舞、杂谈之类的节目。对电视

✳ 习惯点滴 ✳

在学习的时候，一定要学会培养自己专心致志的好习惯。只有这样，才能全力以赴，攻克难题。大家想想，一场球赛错过了，可以从别的途径来得知结果。但是，一次好的学习机会错过了，是很难补偿回来的。所以，同学们在学习的时候要考虑清楚，什么是主，什么是次。作为主要的学习任务，我们就应该专心地去完成。

如此，对其他传播媒介也是一样。

教育改革家魏书生老师曾经讲述过一段他亲身感受的故事：在机场候机室里，广播里传出了飞机因故障延迟起飞2小时的消息。一般乘客心急如焚，怨声迭起，而魏老师则心静如水，同平时在办公室里一样，利用这两个小时构思文章。有一心向学习惯的人，通过这种日积月累，时间转化成了知识，知识转化成了智慧。

专心致志的习惯

专心致志的学习习惯，是我们学生必须养成的起码的学习习惯。同学们一定都听说过《小猫钓鱼》的故事吧。与这个故事寓意相同的还有中国古代"一手画圆，一手画方"的说法，都在告诉人们学习时不可一心二用。

心理学上曾有人做过对比研究：请来两组知识能力大致相同的学生，让第一组的同学边听故事，边做简单的加法习题，而第二组也做同样的两件事，但是两项内容分开进行。同样的时间后，检查加法题的成绩，并请每个人复述听过的故事。结果是：第一组习题与复述的错误率都明显高于第二组。

由此看来，一般人不可能同时高质量地做好两项或两项以上的事情。如果硬要同时做，必然使每件事的质量都有所降低。不信你可以当场实验：左、右手各拿一支笔，一手画圆，一手画方，同时进行。其结果必然是圆也不圆，方也不方。我们可以得出这样的结论：一心二用不利于提高学习效率，学习应该专心致志。

诺贝尔奖金获得者李政道小时候常到茶馆读书，大文学家普希金则喜欢闭门苦读……重要的是看能否培养自己集中精力、专心致志的习惯。

怎样才能做到学习时专心致志呢？第一，要形成良好的用时习惯，一到指定的学习时间，就要全神贯注地学习，凡是分散注意力的杂念和杂事都要排除在外。第二，要培养不轻易被外界事物所干扰的能力，达到"两耳不闻窗外事，一心只读圣贤书"的境界。第三，要学会"独处"，即进行空间上的"绝缘"。国外有一位飞机制造业权威，他的渊博知识的一部分就是在厕所和浴室这一清静的空间里学得的。但最根本的一点还是要对学习内容抱有浓厚的兴趣。所以说，专心致志是提高学习效率的根本，同学们一定要下苦功，在学习的时候达到"忘我"的境界。

专心致志，还包括以下两个方面：一是要致力于主攻方向不分神。就是在一定时期内紧紧围绕主攻方向，安排学习内容，除学校组织和提倡的健康活动外，一切与主攻方向相悖的乃至不相关的劳神、费时的事情都尽量不要涉足。诸如打游戏机、赌钱、早恋、过多地读课外书籍和过多地看电视等等。二是全神贯注不溜号。上课时要全神贯注地听讲，做作业时聚精会神地思考。对于一切与学习无关的事情能够做到视而不见，听而不闻。有同学上课时精神溜号，讲话或摆弄东西，甚至做一些与学习毫不相干的事；课后做作业，一边听歌一边写作业、算题，哪里说话搭哪茬儿，或者故意插科打诨、耍怪逗乐。这些做法都是与专心致志的学习习惯背道而驰的，都是我们要克服的。

易波学习的时候总是能够保持注意力，专心致志。

有一次，世界杯正进行到中国队和巴西队的紧张比赛时，爸爸知道易波喜欢看足球赛，就把电视打开了，准备叫正在房里看书的他出来看球赛。结果喊了好几遍，房里竟然没有动静。爸爸十分奇怪，以为易波自己跑出去玩了，就来到他房里，发现他正全神贯注地做着数学练习题，一脸的专注，好像与世隔绝似的。爸爸进屋他都没有察觉，为了不打扰他的学习，爸爸又轻轻地关上了房门，自己看比赛去了。

球赛快完的时候，易波开门出来，看到爸爸正在看电视，满脸的惊奇，问道："爸爸，球赛结束了？你怎么没叫我呢？"爸爸更疑惑了："我喊了你那么多遍，你怎么就没听见呢？我还以为你故意不理我呢。""啊，我刚才被一道数学题吸引住了，什么都没有听见啊。"爸爸笑了："为了一道数学题，错过了世界杯啊！"

测试：优秀青少年的 24 个良好学习习惯

检查一下，看看下面的学习习惯你是否具备，分别用"很"、"比较"、"不"注明。对于尚不具备的，请尽量让自己尽早养成。因为早一天养成，可能会早点给你带来好处。

1. 在家学习保证一定时间。

2. 学习用品放在一定的地方，取用便利。

3. 书桌及周围经常保持整洁，不放置无关的东西。

4. 主动看书或做作业，不必他人催促。

5. 有课前预习的习惯。

6. 在阅读时常记下不懂的地方。

7. 在阅读中认为重要或需要记住的地方，就画线或做记号。

8. 有课后复习的习惯。听课时注意做好笔记。

9. 上课或自习时，注意归纳并记录重点。

10. 做笔记时，常把材料归纳成条文或图表。

11. 对要记住的公式、定理等内容进行反复记忆。

12. 遇到疑难问题，先尝试独立解决，实在解决不了，再看答案或问别人。

13. 喜欢和人讨论学习中遇到的问题。

14. 上课有疑问，能勇于向老师或其他人请教。

15. 平时就能用功学习，不怕临时考试。

16. 读书时遇到疑难，能随时查参考资料。

17. 妥善安排作息时间，拟定切实可行的学习计划。

18. 将每次考试后的错误汇总，并改正、保留。

19. 学习时能尽量做到心到、口到、眼到、耳到、笔到。

20. 善于吸取别人好的学习方法。

21. 重视学习效率，不浪费时间。

22. 经常阅读与功课无直接关系的各种报纸、杂志、书籍。

23. 读书时能保持良好的姿势。

24. 注意劳逸结合。

学习要自己做"主"——学习过程的自我监控

在我们的行为过程中，能够做到自我监控是指能够对自己的心理和行为主动地掌握、调节和控制，是自我意识在意志行动上的表现。

学习是我们人类行为的一种，那么在学习的过程中，我们是主人，而不是爸爸、妈妈或者老师，没有人能够代替我们攀登学习的高峰。因此，学习要自己做"主"，这个做主的过程，就是我们要讲的自我监控，也就是自我调控、自我控制等等。是指学习者把自己看成是学习过程的责任人和管理者，监控、评价和调整其认知学习策略的过程。

首先来看看这位中学生的例子，会对我们有所启发。

向辉从初一到初三一直是班长、团支部书记和英语课代表，他年年被评为三好学生、优秀学生干部和学习标兵，他在班级、学校里很活跃，经常积极地发动并带领大家参加各项集体活动，而他的学习成绩总是排在班里前三名。同学们很是羡慕，以为他的爸爸妈妈一定管得特别严格，他在家里一定被一大堆管教和作业束缚着。那次老师去家访，发现向辉的家里气氛很轻松，爸爸、妈妈从来不会逼着他去看书写作业，对他的学习几乎不操心。向辉自己总是自觉地写作业、预习和复习功课，每天的学习生活安排得井井有条。

老师家访完毕后，在班上介绍了向辉的学习经验，其实总结起来，就是因为他自我

✲习惯点滴✲

学习就和登山、跑步一样，漫无目标只能是做一天和尚撞一天钟，得过且过，也会随波逐流，不知进取。只有明确目标，对自己的学习进程有一个很好的计划，这样才能做到有效地自我监控，对我们的进步是有很大裨益的。

监控比较成功，在学习中能够自己做"主"。

虽然我们已是初中生，但很多时候没法做到自主独立。比如，我们不能一味地要求穿好的、吃好的，很多情况下是要听从父母的安排，我们也不能随心所欲地买自己喜欢的东西，独自出远门或者旅游，因为我们还不够成熟，在经济上还没有独立。学习就不一样了，我们完全可以独立自主地控制好这个过程，关键看用什么策略了，来，教你几招，试试管不管用。

总的来讲，我们可以从三个方面来训练自己的自我监控能力，这三个方面就是自我计划、自我管理和自我反馈。

自我计划

自我计划是要学会给自己设定长期目标、中期目标与近期目标的本领，告诉自己如何制定切实可行的目标。

实现目标是一个过程，不可急于求成。和打仗一样，需要步步为营，稳扎稳打地进行，"冒进"思想是不可取的。设定不同的目标对我们的学习来说具有重要的意义。我们拿登泰山来做个比喻，漫无目标者是随便走走，一会儿参观岱庙，一会儿选几个美景摄影留念，结果还没有走到中天门天就黑了。相反，如果你把目标确定为在日出前尽快到达玉皇顶，你就会像参加登山比赛一样，中途无心四处张望、逗留，热闹、美景全不去看，甚至帽子被风刮跑了也不肯花费时间去捡，当然会比较快地到达极顶。但是同时也失去了途中的一些美景和体力上的恢复，这也是不可取的。最合理的是，登山前，有个总的目标，比如说，要看泰山日出，那就要在凌晨四五点就赶到玉皇顶，也要留意途中的美妙景色。这就需要买张泰山导游图，明确途中的每一个重要景点，如岱庙、紧十八、慢十八、中天门、南天门等。在每到达一个景点后选取自己所喜欢的背景照相，并抓紧时间购买纪念品，然后再以下一个景点为近期目标，向着目标进发，一个个"攻克"下来之后，玉皇顶就已经在眼前了。

再来看看下面这个故事，讲的也是同样的道理。

1984 年，在东京国际马拉松邀请赛中，名不见经传的日本选手山田本一出人意料地夺得了世界冠军。当记者问他凭什么取得如此惊人的成绩时，他回答："凭智能战胜对手。"这个矮个子冠军是怎样用智能战胜对手的呢？他在自传中是这么说的：每次比赛之前，我都要乘车把比赛的路线仔细地看一遍，并把沿途比较醒目的标志画下来，比如第一个是银行，第二个是一棵大树，第三个是一座红房子。这样一直画到赛程终点。比赛开始后，我就以百米的速度向第一个目标冲去，等到达第一个目标后，我又以同样的速度向第二个目标冲去。40 公里的赛程，就被我分解成这么几个小目标，轻松地跑完了。起初，我并不懂这样的道理，我把我的目标定在位于 40 多公里外终点线上的那面旗帜上，结果跑到十几公里时就疲惫不堪了，我被前面那段遥远的路程给吓倒了。

其实，在现实生活中我们做事之所以会半途而废，不是因为失败而放弃，而是因为倦怠而失败。倦怠怎么来，很多时候是因为目标太遥远而不切实际，或者根本就没有目标。生活的意义在于目标的确立，有一个长远目标，还要找一个既定的目标，这个目标与我们现在的状态有一定的距离，但又不是遥不可及的。学习同样如此。

在自我监控的过程中，目标和计划是一对"双胞胎"，我们说要学会自我计划，但如果这个计划没有目标，那只会是空而不实际的计划，如果有目标但是没有计划，那这个目标最终也无法实现。

古时候有一个财主，找一个部落首领讨要一块土地。部落首领给他一个标杆，让他把标杆插到一个适当的地方，并答应他说：如果日落之前能返回来，就把首领驻地到标杆之间的土地送给他。财主因为贪心，走得太远，不但日落之前没有赶回来，而且还累死在半路上。这个财主有目标，但没有合理的计划，所以最后失败了。同学们可以由此知道，目标和计划对我们的学习来说是缺一不可的。目标和计划分别有着重要的意义。

有了目标，努力便有了方向。从实践看，往往是奋斗目标越鲜明、越具体，越有益于成功。

公元前 300 多年，雅典有个叫台摩斯顿的人，年轻时立志做一个演说家，于是他四处拜师，学习演说术。为了练好演说，他建造了一间地下室，每天在那里练嗓音；为了迫使自己不能外出郊游、一心训练，他把头发剪一半留一半；为了克服口吃、发音困难的缺陷，他口中衔着石子朗诵长诗；为了矫正身体某些不适当的动作，他坐在利剑之上；为了修正自己的面部表情，他对着镜子演讲。经过苦练，他终于成为当时最伟大的演说家。

古人尚且如此，对于现代人来说，更应该目标明确，并且及时地付诸行动。来看看一位大哥哥的经历或许对我们有些启发。

他是这样自述的：生活缺乏目标，就会失去意义，失去动力。不断完成新目标的挑战给生活提供了兴趣和刺激。抛弃对生活意义的探索，就会造成生活空虚，感到厌烦、冷漠和没有目的。

例如当我刚考入高中时，有一个非常明确的生活目标，那便是考上大学。但由于我刚刚跨入高中，离考大学还有很长一段时间，我便在这个总的目标指导下，确定出一些距离相当的阶段性目标。有了具体的学期目标后，便知道力量应该往哪个方向使。在这些目标的推动下，我觉得生活非常充实，心情自然变得格外愉快，学习起来也更加有劲了。在这种目标指引下，我紧张地度过了我的高中生活，虽然其中也包含着学习的艰辛，但现在回想起来仍能品尝出当时的甜蜜。因为那时我过得有奔头儿。

当我上了大学以后，在最初的一段时间里，我沉浸在喜悦的心情中，什么也不想。开始觉得终于考上大学了，可以轻松些了，觉得很快乐。但时间一长，便感觉非常的恐慌和茫然，不知自己下一步究竟应该怎么办，整天毫无目的地闲逛。于是便问自己，"难道你一生只有考大学这一个目标吗？"我不能让自己再沉沦下去了。于是，我给自己定了不仅完成学习任务，还要一次通过英语四级的目标。就这样，我摆脱了茫然、萎靡不振的状态，重新唤起了我对学习和生活的热情，我的生活紧张、充实，我在不断地成长着。因此，我认为，生活的目标如人的灵魂，有了它我们才能活得更像"人"，活得更有意义。

同学们，这个大哥哥的经历告诉我们：目标会使我们兴奋，目标会使我们发奋，因为走向目标便是接近成功，达到目标便是获得成功！

有了目标，就要有相应的学习计划来实现它。构建高楼大厦要有蓝图，学习计划便是实现学习目标的蓝图。

学习计划对于学习主要有以下四方面的作用：一是把学习任务分解量化，使每周、每日、每时都有压力，有动力，有对目标的追求，也有成功的喜悦；二是使学习由被动式变为主动式，使学习成为一种自我约束、自我激励的行为；三是有利于养成良好的学习习惯，使学习自然而然地成为生活的必要组成部分，成为乐趣；四是有利于科学地分配时间和精力，提高学习效率和学习质量。可见，学习计划的作用贯穿于整个学习的过程中。关于具体学习计划的制订我们已经在上面几节提到过，同学们可以对照着这几节一起学习。

自我管理

自我管理则是训练自己具体安排作息时间，安排学习进度及复习内容，学会如何把大计划分成可控制的小计划，如何集中精力做一件事，如何在课堂上约束自己等，都是一些非常具体的细节问题，是要在平时一点一滴慢慢积累的。在家里，在课堂上，都是我们进行自我训练的场所。

其实，这一点就涉及目标计划以后的行动问题了，行动是完成计划奔向目标获得成功的保证。

19 世纪英国生物学家赫胥黎说："人生伟业的建立，不在于能知，乃在于能行。"没有行动，一切目标、计划都将落空，成功也就无从谈起。老子在《道德经》中说："合抱之木，生于毫末；九层之台，起于累

❋ 习惯点滴 ❋

行动主要靠自己来保证，也就是我们说的要自己做主。任何外界的压力只能是暂时的。当学习太苦太累时，当学习令人感到枯燥厌倦时，当学习压力大产生畏难情绪时，当学习成绩不好自信心不足时，当心境不好情绪波动无心学习时，都需要意志力。

土；千里之行，始于足下。"可见行动是完成计划、取得成功的保证。就拿学习汉字来说吧，国家语言委员会颁布的 2500 个常用字、1000 个次常用字和 420 个非常用字，总计为 3920 个字。一天学会 10 个，一年时间就基本掌握了。

优秀青少年的学习习惯宣言

①迈出第一步。凡事开头难，迈出第一步便是行动的开始。眼是懒蛋，手是好汉，一些看似很难的事，真正做起来就不那么难了。因此，迈出第一步很重要。

美国的希尔博士在他所著的《人人都能成功》一书中写了这样一个故事：63 岁的菲莉皮亚夫人，决定从纽约市步行到佛罗里达州的迈阿密市去，这段路程大约相当于从北京至香港的距离。当她到达迈阿密时，记者问她是如何鼓起勇气徒步旅行的，她回答说："走一步路是不需要勇气的。我就是迈出一步，再迈一步，不停地迈，就到这里了。"

在这个故事中，从纽约徒步到迈阿密是菲莉皮亚夫人的目标，一步接一步地走是她的计划，然后迈出第一步，再迈第二步、第三步……这就是她的行动，她在自我管理中做到了别人难以想象的事情。如果她不去"迈步"，对自己缺乏监控，她就永远也不能到达迈阿密。

②立即行动。许多人有一种惰性，做什么事情缺乏一种只争朝夕的精神。结果呢，是"明日复明日，明日何其多！我生待明日，万事成蹉跎。"为了克服这种惰性，做事情应该雷厉风行，凡是看准了的事就立即行动。同学们一定都熟悉并敬佩美国那位使黑奴获得解放的林肯总统吧，你可知道他是怎样雷厉风行做事的吗？

青年时期的林肯，在同别人合伙开店铺时，意外地从废物堆里捡到一部《足本法律评注》。读完这本书以后，林肯受到了启发，他给自己确定了目标——当一名律师。为此，他到 20 英里（1 英里≈1．6公里）外的春田镇向一位律师借阅其他法律书籍。他刻苦钻研，心无旁骛。白天，他在小店的榆树下看书；晚上，他用废料点灯，在制桶店里读书。无论何时何地。他的手中或腋下总有一本法律书籍。有一天，一位叫曼塔·葛拉罕的人对林肯说："若想在政界和法律界发迹，非懂文法不可。"林肯便立即询问到哪儿去借这类书。当他听说6英里外的农夫约翰·凡斯有一本《科克罕文法》之后，便立刻戴上帽子去借书。就是靠这种立即行动的精神，林肯很快成为一名出色的律师。

③雷打不动。人的行动容易受主客观因素的干扰，或中断，或放弃，造成前功尽弃。要使目标能得以实现，必须确保自己的行动雷打不动，天天如此。古人云：苟有恒，何须三更睡五更起；最无益，莫过一日曝十日寒。

齐白石画的虾，栩栩如生，清润透明。他曾说："余之画虾已经数遍，初只略似，一变逼真，再变色分深浅，此三变也……几十年才得其神。"正是雷打不动的行动准则才造就了他那炉火纯青的画艺。齐白石给自己定的规矩是每天做一幅画。在他过90岁生日的时候，因为客人多，没有腾出时间作画，就第二天多画一幅补上。

所以说，自我管理是在计划目标之后具体行动的体现，可以说是关键的部分，没有自我管理，计划和目标也只能泡汤。我们可以想象，如果你做出了一个很宏伟的学习计划，也给自己确定了要达到的目标，然后把它们贴在墙上，高高挂起，从此以后天天睡大觉，那么，计划目标永远只是薄纸一张，对你来说毫无意义。所以，同学们，从现在开始，管理好自己，约束好自己，行动要迅速一点。

❋习惯点滴❋

少年朋友们，如果你不想做一个庸人，不想做一个被别人轻视歧视的人，不想做一个对家庭对社会都是累赘的人，那么，你就应该给自己确立发展目标，制定达到这些目标的计划，并且用雷打不动的实际行动来保证计划的完成和目标的实现。

习惯养成第三课：
养成先做重要的事的习惯

1. 确立目标：连续 30 天使用效率手册。坚持实施计划。

2. 确定你把绝大部分时间浪费在了什么地方。你真的需要花两个小时打电话、在网上冲浪或者收看那部重播的情景喜剧吗？

   我最浪费时间的地方：

3. 你是个"讨好者"，对所有事和所有人都唯唯诺诺吗？如果是，那么从今天开始，在正确的时候要有勇气说"不"。

4. 如果你 1 周后有一次重要的考试，不要拖拖拉拉，等到前一天才开始温习。别浪费时间了，每天复习一点。

5. 想出一件你长期拖拉、但对你非常重要的事情。本周留出时间完成这件事情。

   我一直拖拖拉拉的事情：

6. 列出你在今后 1 周中的 10 项最重要的大任务。现在，在你的时间表里留出时间完成这些任务。

7. 确认一种妨碍你实现目标的恐惧感。马上决定跳出你的舒适区，不要再让这种恐惧感战胜你，妨碍我的恐惧感：

8. 同伴的压力对你有多大影响？确认对你影响最大的某个人或某些人。问问自己："我做的事情是我自己想做的，还是他们想要我做的？"

第四篇

珍惜你的每一分钟

——培养有张有弛，高效做事的习惯

我的时间我做主

生命的时钟不会因谁而停止

时间老人说：岁月如流水，在一分钟的嘀嗒声中，小学生可以写 20 个生字，朗读二百字的短文，口算 20 道试题；打字员用电脑可打字八十多个字；运动员能跑 250 米；核潜艇可以在水下航行 600 米，火箭可航行四百五十多公里，喷气式客机能飞行 18 公里。就在这嘀嗒嘀嗒中，人类已经从远古走向了现代……

我国伟大的思想家和文学家鲁迅，就非常珍惜时间。他有一句至理名言：时间就是生命，无端地空耗别人的时间，其实无异于谋财害命。

鲁迅先生确实惜时如命，他把别人喝咖啡、瞎聊天的时间都用在了工作和学习上。鲁迅还以各种形式来鞭策自己珍惜时间，刻苦学习和工作。在北京时，他的卧室兼书房里，挂着一副对联，集录我国古代伟大诗人屈原的两句诗，上联是"望崦嵫而勿迫"（看见太阳落山了还不焦急），下联为"恐鹈鴂之先鸣"（怕的是一年又去，报春的杜鹃又早早啼叫）。书房墙上还挂着一张鲁迅最崇敬的日本老师藤野先生的照片。鲁迅在《朝花夕拾》中写道："每当夜间疲倦，正想偷懒时，仰面在灯光中瞥见他黑瘦的面貌，似乎正要说出抑扬顿挫的话来，便使我忽又良心发现，而且增加勇气了，于是点上一支烟，再继续写些为'正人君子'之流所深恶痛疾的文字。"鲁迅用这朝夕相处的对联和照片督促自己抓紧时间。

正是因为有了这种惜时如命的精神，鲁迅在他56年的生命旅途中，广泛涉猎到自然、社会科学的许多领域，一生著译一千多万字，给后人留下了一份宝贵的文化遗产，并受到全世界华人的敬仰。

0.01秒的奇迹

我们曾不止一次地在电视上看到过各种世界大赛的盛况，一场比赛之所以扣人心弦，除了选手们飞奔的速度、强大的力量或纯熟的技巧令我们折服外，更是因为他们往往会创造神话和奇迹。

> **＊习惯点滴＊**
> 当你就要接近终点的时候，也不要松懈下来，奇迹往往就在一瞬间出现。

1988年，韩国汉城奥运会，男子100米蝶泳决赛正在如火如荼地举行。领先的是美国泳坛名将马特·比昂迪，他已经把其他选手抛在身后，正向终点冲刺。到终点了，比昂迪从水中抬出头来，举起双手，想第一个庆祝自己的胜利，但显示屏上显示出的成绩是一个叫安东尼·内斯蒂的选手，他以0·01秒的优势战胜比昂迪，获得了男子100米蝶泳的冠军！

这是怎么回事呢？通过慢镜头的回放我们可以看到，在冲向终点的一刹那，比昂迪并没有继续保持蝶泳状态，仅是依靠自己游动的惯性滑到了终点；而几乎就在同时，内斯蒂却始终保持蝶泳的最佳姿态冲向终点，以致差点撞到了前面的墙壁。结果，内斯蒂在最后的时刻超过了比昂迪，第一个到达了终点。这成了这次比赛的最大冷门，这次比赛也被人称之为"0.01秒的奇迹"。

拖延的后果

英国陆军部做了一个重要决定。为了击垮美国的各个殖民地，陆军部决定让在加拿大的伯戈因将军南下与从纽约北上的威格将军在奥尔巴尼会合。这两支军队的会合就意味着将美洲殖民地的军队从中间隔开，进一步的抵抗将是不

可能的。给伯戈因将军的指令已经由英国美洲事务处秘书长乔治·贾林爵士发了出去，给威格将军的信也在准备当中。

周末到了，贾林爵士计划去一趟他在乡间的别墅。

在乘马车出伦敦的时候他在他的办公室停了下来，想在走之前处理几件最重要的公事。最重要的公事就是签署发给威格将军的指令。但是他却发现，他的副秘书奥博多竟然忘记了起草这一指令。

"你只要等5分钟，"奥博多抱歉地说，"我就可以写好了。"

"那样，"贾林爵士怒气冲冲地说，"这段时间里我那可怜的马就得站在街上等着，而我也不能照原计划做我要做的事了。不行，这封信只能等我回来再说了。"

说完这些话，他怒气冲冲地走了——去看他那可怜的马——去他的乡间别墅了。

不只是这一指示没能及时送出，而是这一指示从来就没有发出过——因为当贾林爵士回到伦敦后，他就忘记了自己曾经还需要签署的这项指令，而且他的副秘书奥博多也忘记了这件事，所以这么一项重要的命令始终都没有发出。

而在美洲的威格将军一直在等待总部的命令，可是在他等待的时间里，美国人的军队完成了会合，他们集中力量逐一击破，英国人的美洲殖民地，就因为这项没有发出的指令而永远失去了。

拖延，是一种恶习，必须要憎恨它，根除它。有时候，拖延会让你失去很多东西，友谊、爱情或者是成功的机会。想到的事就要马上去做。

青春没有返程的车票

新年的夜晚，一位老人伫立在窗前。他悲戚地举目遥望苍天，繁星宛若玉色的百合漂浮在澄静的湖面上。老人又低头看看地面，几个比他自己更加无望的生命正走向它们的归宿———坟墓。老人在通往那块地方的路上，也已经消磨掉六十个寒暑了。在那旅途中，他除了有过失望和懊悔之外，再也没有得到任何别的东西。他老态龙钟，头脑空虚，心绪忧郁，一把年纪折磨着老人。

　　年轻时代的情景浮现在老人眼前，他回想起那庄严的时刻，父亲将他置于两条道路的入口——一条路通往阳光灿烂的升平世界，田野里丰收在望，柔和悦耳的歌声四方回荡；另一条路却将行人引入漆黑的无底深渊，从那里涌流出来的是毒液而不是泉水，蛇蟒满处蠕动，吐着舌箭。

　　老人仰望夜空，苦恼地失声喊道："青春啊，回来！父亲啊，把我重新放回人生的入口吧，我会选择一条正路的！"可是，父亲以及他自己的黄金时代都一去不复返了。

　　他看见阴暗的沼泽地上闪烁着幽光，那光亮游移明灭，瞬息即逝了。那是他轻抛浪掷的年华。他看见天空中一颗流星陨落了，消失在黑暗之中。那是他自身的象征。徒然的懊丧像一支利箭射穿了老人的心脏。他记起了早年和自己一同踏入生活的伙伴们，他们走的是高尚、勤奋的道路，在这新年的夜晚，载誉而归，无比快乐。

　　高耸的教堂钟楼鸣响了，钟声使他回忆起儿时双亲对他这个浪子的疼爱。他想起了困惑时父母的教海，想起了父母为他的幸福所作的祈祷。强烈的羞愧和悲伤使他不敢再多看一眼父亲居留的天堂。老人的眼睛黯然失神，泪珠儿潸然坠下，他绝望地大声呼唤："回来，我的青春！回来呀！"

　　老人的青春真的回来了。原来，刚才那些只不过是他在新年夜晚打盹儿时做的一个梦。尽管他确实犯过一些错误，眼下却还年轻。他虔诚地感谢上天，时光仍然是属于他自己的，他还没有堕入漆黑的深渊，尽可以自由地踏上那条正路，进入福地洞天，丰硕的庄稼在那里的阳光下起伏翻浪。

　　只有那些视时间为生命的人，他们的人生才会绚丽多彩。

浪费时间是最大的罪恶

一位向往成功、渴望被指点的青年人向著名的教育家求教，于是，教育家与青年人约好了见面的时间和地点。

公园最显眼的一棵大树下，青年人如约而至，教育家已站在大树边。没等青年人开口，教育家点点头，看一下表说："年轻人，请你等我一分钟。"说完教育家大步朝前走去。一分钟后教育家走出了很远的一段路，和青年人拉开了不小的距离。教育家在前面停下脚步，转过身，高声招呼："年轻人，跑过来，跑到我这儿来！"青年人跑起来很快，不到一分钟就和教育家站在了一起。

可是，还没等青年人站稳，把满腹有关人生和事业的疑难问题说出来，教育家微笑着非常客气地说："年轻人，你可以走了。"

青年人仰着头一下子愣住了，既尴尬又非常遗憾地说："我……我还没向您请教呢……"

"这还不够吗？"教育家用手指点远处的那棵显眼的大树，细语轻言地说："一分钟，我和你。"

青年人望着远处的大树若有所思，"我……我懂了，您让我明白了一分钟完全可以改变自己的位置。"

教育家舒心地笑了。青年人向教育家连连道谢后，开心地走了。

其实，岁月里的每一分钟都是新的起点，把握好生命中的每一分钟，也就拥有了理想的人生。请记住，一分钟就可以改变自己的一生。

✳ 习惯点滴 ✳

即使只是一点时间，那些能够成功的人也会注意起来，从这点我们就知道为什么他们会这么成功了。成功原本就是从抓住一点点的时间中得来的。

学会积累时间的点点滴滴

唐朝千仞禅师说：一日不作，一日不食。

要维持一个人心灵的健康，一定要避免时间的荒芜。生命的真理就是勤奋工作，让自己振作起来。

奋进和努力是生命存在的真理，是心理健康之路。有的人退休后，又开始从事第二职业，他们不仅会获得成就感，其身心也会同样健康。还有许多退休的教师，他们积极投入助人的义务工作，非常令人敬佩。

时间是慷慨的，也是吝啬的。勤学者，时间给予他的是知识和智慧，时间使他的生活更有光彩，青春更加美丽。怠惰者，时间终究将他抛弃，到头来双手空空，一无所有。所以，我们要珍惜时间，做时间的主人。

一个城郊的居民区住着三户人家，他们的平房紧紧相邻着，三个男人都从农村招工进了一家炼铁厂。

厂里工作辛苦，工资又不高。下班了，三个人都有自己的活。一个到城里去蹬三轮车，一个在街边摆了一个修车摊，还有一个在家里看书，写点文章。蹬三轮车的人钱赚得最多，高过工资。修车的也不错，能对付柴米油盐的开支。看书写字的那位虽没有收入，但也活得从容。

有一天，三个人说起自己的愿望。蹬三轮车的人说，我以后天天有车蹬就很满足了。修车的说，我希望有一天能在城里开一间修车铺。喜欢看书写东西的那个人想了很久才说，我以后要离开炼铁厂，我想靠我的文字吃饭。其他两位当然都不信。

五年过去了，他们还是过着同样的生

活。十年后，修车的那位真的在城里开了一家修车铺，自己当起了老板。蹬三轮的那位还是下班了去城里蹬车。十五年后，看书写字的那位发表的一些作品，在地区引起了不少关注。二十年后，他已经是一位小有名气的作家，被调到省城当了编辑。

时间无限，生命有限。在有限的生命里懂得把时间拉长的人就拥有了更多做事情的本钱。人的生命是有时限的。

伟人们所到达并保持着高招，并不是一飞就到，而是他们在同伴们都睡着的时候，在夜里辛苦地往上攀爬……

我的学习我做主——学习时间管理

良好的自制力是时间管理的基础

我们常说"时间就是金钱，效率就是生命"，大家对这是再熟悉不过的了。但是，在我们的学习生活中，有人经常用这句话来鞭策自己吗？也许，我们时常会出现这样的情况，一有好看的电视，就会舍不得离开；一到周末放假就和同学出去疯玩，作业不做，书也不看，然后等到开学的时候，就开夜车临时抱佛脚，草草交差了事。这样，既没有学习好，也没有合理利用时间，整个人也浑浑噩噩，无精打采，没有办法积极地调动大脑细胞，也就是说，我们没有科学地利用时间，没有科学地分配自己的大脑，因而学习起来也就没有了效率。在这里，我们就要给大家来谈谈提高学习效率的问题。我们先来了解合理利用时间、提高学习效率的重要性和必要性。有这样一个真实的故事，讲的是某城市决定建造一幢高楼，需要征集各种方案，号召社会各地的建筑行业竞相投标，从各地征集来的方案中选择一个最佳的进行建造。当时，许多建筑公司纷纷响应，而且积极地进行设计，修改，讨论，然后投标。其中有一家比较著名的公司也参加了这一竞争。但是，他们的员工却没有看到时间的紧迫性，大家都认为时间还早，没有充分地重视起来：慢吞吞地下达任务，没有进行明确的分工，每个人的责任都不清晰。当投标截止时，他们才意识到，一些原来根本没有名气的建筑公司早就抢在他们之前设计出了完美的图纸，并且有了完备的建造方案。最后，好运便降临到了一家原本默默无闻的小型公司的身上。他们凭借员工们高效率的工作，夺得了令人羡慕的工程项目，最终获得了良好的赞誉，而那家原本有名的公司因为没有把握好机遇，慢慢地走了下坡路。

当然了，我们说要抓紧时间，提高学习效率，并不是要求大家一天到晚都捧着书本，不休息地进行学习，这样也是一种不科学的学习方式，因为我们的大脑在一定时间里可以高效率地运转，而在一定时

间里则是需要休息的。我们在进行某种脑力劳动时，大脑皮层只有相关工作区的神经元处于兴奋状态，其他工作区的神经元则处于抑制（休息）状态。多种活动互相轮换，就可以使大脑皮层的各个区域得到轮流休息，从而保证大脑的工作效率。比如说，早晨的时候大脑处于兴奋状态，工作起来最有效率，那么你就应该好好利用这一段时光，所谓"一日之计在于晨"；而到了中午、吃晚饭或者深夜的时候是大脑需要放松的时候，如果你还是要硬逼着自己去背书做题的话，那么只能得到事倍功半的效果，效率也就降低了，甚至还会伤害自己的身体健康，对情绪也会有一定的影响。正确的做法是午饭后稍作休息，不要经常开夜车，尽量做到早睡早起，让自己保持饱满的精神和良好的学习状态。还有就是各种科目要轮换着看，不要几个小时都啃读语文或者数学，而要文理科目交叉学习。

一日学习时间的"卫生标准"

同学们可能比较奇怪，怎么学习时间还有卫生标准啊？我的学习时间不都是由我自己来支配吗？我爱学多长时间就学多长时间，怎么还有标准呢？其实，对于少年朋友来说，大脑的学习功能还没有完全地开发出来，还没有达到完全成熟的状态，所以每天用脑的时间是有一个大致标准的，如果超过这个标准，大脑就会超负荷运转，就会增加它的疲劳程度，学习效率也会降低，这是一种

不利于身心健康的学习。

　　科学家们做过一个有关中学生一天学习时间标准的实验，发现中学生经过上午早自习 40 分钟和上 4 节课的学习后，学习能力会明显下降，疲劳和疲倦率超过或接近 50%，因此，上午的学习应该到此为止。下午在两节课后学习能力明显下降，疲劳或疲倦率超过或接近 50%。而且，我们的晚自习最好以两节课为好，最多不要超过三节课。最后科学家指出，初中生每天的学习时间最好不要超过 7 个小时，这样的时间比较符合卫生学的要求，而且在这样的学习时间内，学生的学习能力和动态都属于正常状态。

　　看来，我们每天的学习最好不要超过 7 个小时才能保证有效的状态，但是，同学们可能要抱怨了：现在的课程那么紧，老师要求那么高，作业那么多，每天只学 7 小时怎么可能啊。当然了，7 个小时只是我们提出的一个比较理想的时间，同学们可以根据自己的实际情况进行适当的调整。也许有的同学有很好的学习方法，每天学 6 个小时就足够了，也许有的同学觉得要多学几个小时才能完全巩固，可能要学 8 个或者 9 个小时也不觉得累，只要是适合自己的身心条件，符合自己的身体情况，可以进行时间上的伸缩，关键看你自己了。

　　小惠从来都不喜欢开夜车，尽量把学习任务放在白天完成。早晨她会很早起床，外出锻炼 20 分钟，呼吸新鲜空气，然后回家进行晨读，她发现在短短的 30 分钟晨读时间里，可以快速地记下很多英语单词。在学校的时候，除了上课认真听讲，课后她会及时地把作业写完，其他同学说笑逗乐的时候，她已经早早地完成了当天的任务。晚上学校的自习课上，有的同学会互相抄袭作业，老师不在的时候就吵吵闹闹的，她则排除干扰，开始预习第二天的课程了。所以，每天晚上到家后，她就可以在 10 点之前休息，保证了充足的睡眠，每天的学习时间也不过 7 个小时。而其他同学在学校里不抓紧时间学习、做作业，晚上开夜车赶作业，往往弄到深更半夜也不能完成，第二天打着哈欠到学校，在这种恶性循环的状态下学习，能有高效率吗？

　　所以说，在学习时间的利用上，一定要发挥主人翁的作用，千万不能被时间牵着鼻子走。争做时间的主人，每天 7 小时学习，一天天地不断积累，可以让你的学习生活丰富多彩，收获颇多。

提高学习时间管理效率的四个方法

①**今日事今日毕**　有首诗叫做"明日歌"：明日复明日，明日何其多。我生待明日，万事成蹉跎！如果我们总把今天的事情放到明天去做，那么，永远也不会做完。因为明天有很多，而今天只有一个，不抓紧今天，明天很快也会消失掉。所以要时刻牢记，今天的事情要今天做完，今天的学习任务要今天完成，这样才能不断地攀登学习高峰。否则，我们只能停留在一处徘徊，永远都没有进步。

我们要珍惜每一个"今日"，只争朝夕，不让一日闲过。而要把握住今日，关键是要从现在做起，珍惜今日的分分秒秒。莎士比亚说过："在时间的大钟上，只有两个大字——现在。"时间只是无数现在的集合体。只有现在才是实实在在、最有价值的时间，真正属于自己。抓住现在，也就抓住了时间，把握住了今日。因此，我们不要在学习上犹豫迟缓、拖拖拉拉，而要说干就干，雷厉风行。

②**我有我的"生物钟"**　在我们的身体里边，有座"生物钟"在起作用，它对人的各种活动和大脑机能的发挥有着十分重要的制约作用。其中对学习最有影响的有三种人体节律，它们是：随昼夜节律变化的日周期节律、随月亮盈缺而变化的月周期节律和随季节更迭而变化的年周期节律。我们主要介绍日节律，因为这是和我们每天的学习息息相关的。

我们大脑的功能在一天 24 小时内是有规律地变化的，其中有两次高峰，一次是上

✳ **习惯点滴** ✳

我们每个人的时间是一样的，但从支配时间和挖掘有限的时间资源来说，每个人实际得到的时间却是不一样的。只要我们根据自身实际，发挥创造性思维，做到脑勤、眼勤、耳勤、手勤，充分挤压时间，时间就会源源不断地流出来。

午 8~10 点，另一次是下午 6~9 点。因此，要想学得快，记得牢，就必须把学习时间特别是一些难度大的功课的学习安排在一天的两个高峰时区中。另外，早晨刚起，头脑清醒，想象力最丰富，可用于背课文、记公式、念外语单词等；晚上记忆力好，思路清晰，可用于温习、巩固学习内容。当自己的高效时间与利用方式一旦确定，就应努力做到制度化并且坚持不懈，否则会搅乱自己的生物钟。对于在校学习的学生而言，还要使自己的生物规律和学校的作息时间大致同步，而不能长期挑灯夜战，当"夜猫子"，否则会因为扰乱生物规律而导致头昏眼花、失眠、神经衰弱等不良后果。

③走到哪，学到哪。在我们日常的学习中，常常会遇到长短不一的零星时间，如早起、饭后、路途中、车子上、排队候诊、坐等理发……对于这些可以预料到的零星时间，我们应该早做准备，有计划地开发利用；对于随机的间隙时间，则要"见缝插针"，因时制宜、因地制宜。对我们而言，5 分钟到半小时这样的零星、片断时间，适合于干各种各样的事情：处理学习和生活杂务，如整理资料、收拾用具等；浏览报刊，做学习卡片，粘贴剪报等；读随身携带的学习卡片，这些卡片上可抄写一些需要死记硬背的公式、单词等资料；背外语单词，实验表明，人一次记忆的最大数值是 7，如以 7 个单词作循环单位，1 分钟足可记住；用于读书。美国有一位效率研究专家就提倡"25 分钟读书法"，认为人的注意力可以持续集中的时间限度是 25 分钟。

要珍惜时间，除了要勤于积累零星时间外，还要善于挤压挖掘闲暇和自由时间，将其用于学习。其实我们每天除用于上课、自学、睡眠、就餐的时间以外，还有许多是可以放松和自由支配的时间。可见我们用于学习的时间还是大有潜力可挖的。

适当休息也是时间管理的重要环节

文武之道，一张一弛。生理学和心理学的研究表明，我们的大脑分成感觉、记忆、推理、想象等各种不同的区域，每一个区域会执行不同的功能。大脑皮层活动的基本规律是兴奋与抑制两个基本过程。比如我们在听课时，通过听、看和思考，大量信息被传递到大脑皮层中的相应区域使之兴奋，这时与听课无关的各区域就会慢慢被削弱。如果听课时间太长了或脑力强度太大，兴奋区域就会逐渐转入抑制状态，并伴随着产生头昏脑涨、注意力涣散、记不住等一系列保护性反射，这就提醒我们要采取某种方式让疲劳的这部分脑细胞休息一会儿，才能保证学习的持久性和高效率。

有张有弛就是，我们在安排自己的各项任务时，应该有张弛和劳逸之分。我们在学习时不应只着眼于时间使用的长度，而应该想方设法提高效率。古时候"苏秦刺股"、"孙敬悬梁"是用减少睡眠来延长读书的时间，虽然精神可嘉，但方法却很笨拙，不值得现代生活中的我们进行效仿。因为人脑细胞的工作能力具有一定的限度，超过其极限，学习效率就会跌入低谷。要提高学习效率，就要保持学习时间上的弹性安排，做到劳逸结合、张弛有度。因此，除了要保证充足的睡眠和适当的休息外，在学习一段时间之后或大脑已发生疲劳时，应当及时地从事一些像听音乐之类的娱乐活动，或参加一些各种形式的体育锻炼。至于张弛的时间比例，国外时间专家提出了 50／10 法，即 50 分钟内松弛 10 分钟，其余 50 分钟效果更佳。

要提高学习效率，还应采用时间上的轮流法，即在利用大块时间学习时，要有弹性地将听、读、写、想等不同性质的活动和不同的学习内容穿插交替进行，以使大脑皮层各相应区域轮流兴奋，保证学习的高效率。学习的轮流包括学习内容的交叉轮作，如转换学习语文、数学、英语等思维形式不同的功课；学习方式的交叉轮作，如看书和做笔记的交替；学习与休息、娱乐的交叉进行，如学习和散步、读书和听音乐的穿插进行；学习姿势的交叉变换，如坐、站、踱步的轮换等等，都是非常有效的方法。

❋ 习惯点滴 ❋

提高学习效率，合理利用时间对我们的学习至关重要，所以一定要充分重视起来，不要做时间的奴隶，而要做时间的主人，这个主动权就掌握在你自己的手里。

认真地做好简单和容易的事

把握住自己的时时刻刻

从前，有个年轻人罗杰和情人相约在一棵大树下见面。他性子急，很早就来了。虽然春光明媚，鲜花烂漫，但他急躁不安，无心观赏，颓丧地坐在大树下长吁短叹。

忽然他面前出现了一个小精灵。"你等得不耐烦了吧！"精灵说，"把这个纽扣缝在衣服上吧。要是遇上不想等待的时候，向右旋转一下纽扣，你想跳过多长时间都行。"

罗杰高兴得不得了，握着纽扣，轻轻地转了一下。啊！真是奇妙！情人出现在他的眼前，正脉脉含情地凝望着他呢！要是现在就举行婚礼该有多棒啊！他心里暗暗地想着，他又转了一下，隆重的婚礼、丰盛的酒席出现在他的面前；美若天仙的新娘依偎着他；乐队奏响着欢快的音乐，他深深地陶醉其中。他看着美丽的新娘，又想，如果现在只有我们俩该多好！不知不觉中纽扣又转动了一点，立刻夜阑人静……

他心中的愿望层出不穷，我还要一所大房子，前面是我自己的花园和果园。他转动着纽扣，我还要一大群可爱的孩子。顿时，一群活泼健康的孩子在宽敞的客厅里愉快地玩耍。他又迫不及待地将纽扣向右转了一大半。

时光如梭，还没有看到花园里开放的鲜花和果园里累累的果实，一切就被茫茫的大雪覆盖了。罗杰再看看自己，须发皆白，早已经老态龙钟了。

他懊悔不已：我情愿一步步走完一生，也不要这样匆匆而过，还是让我耐心等待吧！扣子猛地向左动了，他又在那棵大树下等着可爱的情人。他的焦躁烟消云散了，心平气和地看着蔚蓝的天空，鸟叫声是如此悦耳，草丛里的甲虫是那么可爱。原来，人生不能跳跃着前行，耐心等待才能让生命的历程充满乐趣。

把握住自己的时时刻刻，不要到将来再抱怨和后悔。

虚度的时光

加布里·多拉莱买了一幢豪华的别墅。此后，他每天下班回来，总看见有个人从他的花园里扛走一个箱子，装上卡车拉走。

他还来不及叫喊，那人就走了。这一天他决定开车去追。那辆卡车走得很慢，最后停在城郊的峡谷旁。

加布里下山后，发现陌生人把箱子卸下来扔进了山谷。山谷里已经堆满了箱子，规格式样都差不多。

他走过去问："刚才我看见您从我家扛走一个箱子，箱子里装的是什么？这一堆箱子又是干什么用的？"

那人打量了他一眼，微微一笑说："您家还有许多箱子要运走，您不知道？这些箱子都是您虚度的日子。"

"什么日子？"

"您虚度的日子。"

"我虚度的日子？"

加布里走过来，顺手打开一个箱子。

箱子里有一条暮秋时节的道路。他的未婚妻布亚西正在慢慢走着。

他打开第二个箱子，里面是一间病房。他弟弟罗西基躺在病床上在等他归去。

他打开第三个箱子，原来是他那所老房

> ❋ 习惯点滴 ❋
>
> 我们总是曾盼望美好的时光，但美好时光到来后，我们又干了些什么呢？

子。他那条忠实的狗帕克卧在栅栏门口等他。它等了他两年，已经骨瘦如柴。

加布里感到心口被什么东西夹了一个，绞疼起来。陌生人像审判官一样，一动不动地站在一旁。

加布里说："先生，请您让我取回这三个箱子，我求求您。起码还给我三天吧。我有钱，您要多少都行。"

陌生人做了个根本不可能的手势，意思是说，太迟了，已经无法挽回。说罢，那人和箱子一起消失了。

夜幕悄悄降临，把大地笼罩在黑暗之中。

多走一点也无妨

谁虚度年华，青春就会褪色，生命就会抛弃他。

在这个分秒必争的世界里，人们总想走捷径，以为那样就可以节省时间。可是，当捷径上挤满了有相同想法的人的时候，捷径就会适得其反，变成最费时间的路了。

有一天，一个小职员正赶着上班。这天他的公司有一个很重要的会议，会议中的表现关系到他能否升职，所以不能迟到。然而他的闹钟却在早晨坏掉了，最糟糕的是还有二十分钟会议便要开始了。

小职员只有改乘出租车，希望能及时赶上会议。

好不容易才截到一辆出租车，匆匆忙忙上车后，他便对司机说："司机先生，我赶时间，拜托你走最短的路!"

司机问道："先生，是走最短的路，还是走最快的路?"

小职员好奇地问："最短的路不是最快的吗?"

"当然不是，现在是繁忙时间，最短的路都会交通堵塞。你要是赶时间的话得绕道走，虽然多走一点路，却是最快的方法。"

听了司机的话，小职员最后选择了最快的路。途中他看见不远处有一条街道交通堵塞得水泄不通，司机解释说那条正是最短的路。司机所言没错，多走一点路果然畅通无阻，虽然路程较远，却很快到达了目的地。

小职员最终赶上了会议，还升职当了部门主任。

不是每一个捷径都是通向成功大道的，要相信只有一步一个脚印，有实实在在的本领才能立足社会。

有一位富人叫"时间"

从前，在欧洲有一个富人，名叫时间。他拥有无数的各种家禽和牲口，他的土地无边无际，他的田里什么都种，他的大箱子里塞满了各种宝物，他的谷仓里装满了粮食。

这个富人拥有这么多的财产，连国外的人也知道了，于是，各国商人远道而来，随同的还有舞蹈家、歌手、演员。各国派遣使者来，只是为了要看一看这位富人，回国后就可以对百姓说，这个富人怎么生活的，他的样子是怎样的。

富人把牛、羊、衣服送给穷人，于是人们说世界上没有一个人比他更慷慨了，还说，没有看见过时间富人的人就等于没有活过。

又过了很多年，有一个部落准备派出使者去向富人问好。临行前部落的人对使者说："你们到时间富人的国家去，要想法见到他，你们回来时，告诉我们，他是否像传说中的那么富有，那么慷慨。"

使者们走了好多天，才到达了富人居住的国家。在城郊他们遇到了一个瘦瘦的、衣衫褴褛的老头儿。

使者问："这里有没有一个时间富人？如果有，请您告诉我们，他住在哪里。"

老人忧郁地回答："有的。时间就住在这里，你进城去，人们会告诉你的。"

使者进了城，向市民们问了好，说："我们来看时间，他的声名也传到了我们部落，我们很想看看这位神奇的人，准备回去后告诉同胞。"

正当使者说这话的时候，一个老乞丐慢慢地走到他们面前。

这时有人说："他就是时间！就是你们要找的那个人。"

使者看了看又瘦又老、衣衫不整的老乞丐，简直不相信自己的眼睛。

"难道这个人就是传说中的名人吗？"他们问道。

"是的，我就是时间，我现在变成不幸的人了。"老头说，"过去我是最富的人，现在是世界上最穷的人。"

使者点点头说："是啊，生活常常这样，但我们怎么对同胞说呢？"

老头儿想了想，答道："你们回到家里，见到同胞，对他们说：'记住，时间已不是过去的那个样子！'"

还有一个故事，据说伟大的所罗门王有一天晚上做了一个梦。一位先生在梦里告诉他一句话，这句话涵盖了人类的所有智慧，让他高兴的时候不会忘乎所以，忧伤的时候能够自拔，始终保持勤勉，兢兢业业。但是，醒来后却怎么也想不起那名话来，于是他召来了最有智慧的几位老臣，向他们说了那个梦，要他们把那句话想出来。并拿出一颗大钻戒，说："谁能想出那句话来，就把它镌刻在戒面上。我要把这颗戒指天天戴在手上。"

一个星期后，几位老臣来送还钻戒。戒面上已刻上了一句简单的话：

"这也会过去。"

时间一去不返，不管你高兴还是忧伤。

> **✱习惯点滴✱**
>
> 时间就像泼出去的水，永远无法收回，不管你高兴还是忧伤，浪费的时间是无法挽回的。只有把握住每时每刻，人才能不断进步。

习惯养成第四课：
确定目标 然后行动

1. 确定你在事业上取得成功所需要的三种最为重要的技巧。你是否需要更加有条不紊、更加自信地在其他人面前侃侃而谈？是否需要强化自己的写作技巧？

我在事业上需要的三种最为重要的技巧：＿＿＿＿＿＿＿＿＿＿＿＿＿＿＿＿＿

2. 每天回顾自己的使命宣言，持续 30 天（需要这么长的时间才能形成习惯）。让它引导你作出所有的决定。

3. 照照镜子，问自己："我是否想和一个像我这样的人结婚?"如果不想，那就努力培养你所缺乏的品质。

4. 去找学校的指导老师或者就业顾问，谈谈就业的机遇。接受才能测试，这将有助于你对自己的才能、能力和兴趣爱好加以评估。

5. 就目前而言，你在生活中面临的关键十字路口是什么？从长期看，最佳途径是哪一条？我所面临的关键十字路口：＿＿＿＿＿＿＿＿＿＿＿＿＿

   最佳途径：

6. 复印"伟大的发现"，然后带一个朋友或家庭成员逐项完成。

7. 想想你的目标。你是否已经动笔把它们落实到文字？如果没有，就抽出时间加以完成。记住，如果不落实到文字，目标就只是个愿望。

8. 找出一个别人可能给你起的不好听的绰号。想想你可以做哪些事情来改变这个绰号。

   不好听的绰号：＿＿＿＿＿＿＿＿＿＿＿＿＿＿＿＿＿＿＿＿＿

   如何加以改变：＿＿＿＿＿＿＿＿＿＿＿＿＿＿＿＿＿＿＿＿＿

第五篇

为封闭的心墙打开一扇窗

——培养善于沟通、善于交流的习惯

沟通——心与心的交流

口才是生存的一种本领

一个人若不具备良好的口才，一旦走上社会，走上了独立生活的道路，就很难在事业上、爱情上、社交上取得自己满意的效果。就像鸟儿没有羽翼，不能飞上天空似的，没有很好地发挥本身应有的技能，这就失去了鸟儿生活在空中的基本作用。

每一天的工作、生活中我们都需要用语言跟别人交流，解决我们生活中大大小小的问题，处理我们工作上的一些难题。因此，我们如果能够就地运用我们很适用的口才、技巧，这对于我们的生活、工作、事业、爱情都有很大的益处。

近代美国诗人佛洛斯特从说话的角度，把一般人巧妙地分成两类：第一类是满腹经纶，却说不出来的人；第二类是胸无点墨，却滔滔不绝的人。

佛洛斯特的观察相当深入，我们经常看到一肚子学问而讷于言辞的人，也不时听见不学无术的人废话连篇。因而，交谈最根本的条件是：既要有充实而有价值的内涵，又要善于表达，使人听得痛快，而且回味无穷。所以"有话可说"实在不是容易的事，要达到"言之有物"的境界，更要不断学习，力求充实自己。

一个会说话的人，总可以完整流利地表达出自己的思想、意图，也能够把道理说得很清

楚、很完整、很动听。使别人很乐意地来接受，有时候还可以立刻从问答中，测定得知对方的意图，而且能从对方的谈话中得到启发，增加对双方的了解，从而使双方能够很好地建立起良好的友谊。

我们常常可以看到不会说话的人所遭遇到的困难：说话不连贯、断断续续，站着或坐着都不自在，自己总感到非常别扭，甚至会出现面红耳赤的现象。他们当然就不能完整、清楚地表达自己的意图，往往也使对方不能信服并且接受。由于你不会说话，口才能力差，说起话来有时吞吞吐吐，这样造成的一种交流上的困难，会给你自己的事业、爱情、生活、交际带来不少阻碍，抑制你的发展前途。

律师出身的美国参议员，也是美国最著名的演说家之一——戴普曾经说过："世界上再没有什么比令人心悦诚服的交谈更能迅速获得成功以及别人的钦佩，这种能力，任何人都可以培养出来。"的确，能够在交谈中把意思准确地表达出来的人，走到哪里都受人欢迎、他们不但可以借口才引起旁人的重视，也比一般人拥有更多、更好的发展机会。一个人必须了解：如何探寻事物，如何说明事理，以及如何进行说服性的言谈，才能获得他人的支持。

世界上没有任何一个正常人不需要讲话，不需要交流，也没有任何一种工作不需要和别人打交道。而人与人之间交流思想，沟通感情最直接、最方便的途径就是语言。通过出色的语言表达，可以使相互熟识的人情更浓，爱更深；可以使陌生的人产生好感，结成友谊；可以使有争执的人互相理解，矛盾化解；可以使相互仇恨的人化干戈为玉帛，友好相处。

口才来自生活的积累

卡耐基在《语言的突破》一书中指出的：将自己的热忱与经验融入谈话之

中，是感动别人的捷径和必要条件。

言语是以生活为内容，有生活，有实践经验，就有谈话的内容，有丰富的生活内容，有丰富的实践经验，谈话的内容自然也比较丰富。因此，你对于国家、社会、生活、朋友亲属、同事等等，都要经常注意关心，你对于所见所闻，都要予以思考研究一番，尽量地去了解他们发生的过程和意义，而不是对什么事情都漠不关心，让社会世事静静地在眼前和耳边溜过去，从而失去学习和积累知识的机会。在社会生活中，你要随时随地都计划、安排。改进你的生活，而不是马马虎虎地过日子，让机会白白跑掉。

你是不是认为自己和国家大事、社会人群息息相关，而不安于做一个井底之蛙，对于身外事都不闻不问呢？如果这些问题的答案都是肯定的，你就是一个善于思考、善于观察、遇事认真、朝气勃勃的人，那你就和的高水平口才距离不远了。即使你现在还是一个不大会说话的人，你已经具备了大批的、雄厚的、扎实的本钱，如果不呢，那就需要你下决心和努力了。

在现代社会，由于经济的发展，人们交往频繁，口头表达能力的重要性越来越被认为是现代人所应具有的能力之一。作为一个现代人，不仅要有新的思想和见解，而且要能在别人面前很好的表达出来。不仅要以自己的行为对社会做贡献，而且要能以自己的语言去感染、说服别人。这才是最重要的，才是语言真正的魅力所在。

因此，现代人在如今这个竞争激烈的社会里，不仅要把知识学踏实，还要加强口才方面的锻炼。这样才能让你在这种社会环境中更好的生存，获得好的成绩。

话不在多，说好就行

任何事物，不管是多么复杂的现象，多么深奥的思想，只需抓住它的核心，就相当于找了一把钥匙。在与人交往过程中，将会收到"画龙点睛"的效果。

古语说："兵不在多而在精"——说话也应以"精"为好。《墨子闲话》中记下这样一个故事：

子禽有一次问他的老师墨子："多言有好处吗？"

墨子回答说："青蛙日夜都在鸣叫，弄得口干舌倦，却不为人们所爱听。而晨鸡黎明按时啼，天下不都被叫醒了！多言有什么好处？话要说到点子上才好。"

事实正是如此。

众所周知，我国历史上第一次农民起义大泽乡起义，是秦末陈胜、吴广发动的。但是，发动这样一个名彪青史的壮举，陈胜只讲了短短几句话："公等遇雨，皆已失期，失期当斩。藉弟令毋斩，而戍死者固十六七。且壮士不死即已，死即举大名耳，王侯将相宁有种乎！"总共46个字。

世界上第一架飞机的制造者莱特兄弟（美国）试飞成功后，前往欧洲旅行。在法国的一次欢迎酒会上，各界人士聚集一堂，再三邀请莱特演讲。他盛情难却，只好说："据我所知，鸟类中会说话的只有鹦鹉，而鹦鹉是飞不高的。"这只有一句话的演讲，博得了经久不息的掌声。

有人问美国第28任总统伍德罗·威尔逊："您准备一份十分钟的讲稿，得花多少时间？"

威尔逊回答："两个星期。"

"准备一份一小时的讲稿呢？"

"一个星期。"

"两小时的讲稿呢？"

"不用准备，马上就可以讲。"

这是怎么回事呢？道理很简单，演讲时间越长，演讲人压缩演讲内容的任务越轻，自然所需准备的时间就少了。反之，演讲时间越短，演讲人越得努力压缩文字，

❄ 习惯点滴 ❄

"秤砣虽小压千斤"，画龙点睛的妙语，就如同秤砣一般，能在关键的时候发挥极为重要的作用。

力求尽快将主要内容无一遗漏而又清晰地传达给听众，这当然是要多花时间、大伤脑筋了。

谈"最为复杂的政治问题"尚且可以简明扼要地阐述，更何况我们平日的交际活动呢？让我们分析几个文学作品中人物语言描写的例子吧：

鲁迅《故乡》中，闰土和"我"重逢时，"分明的叫道：'老爷！……'"——这"老爷"二字，只是一声称呼，但从这称呼中，读者却能感到闰土和"我"之间"已经隔了一层可悲的'厚障壁了'。"

又如《红楼梦》中贾元春省亲，见了久别而又热盼的弟弟贾宝玉，百感交集，自然应有一肚子话要说。然而，曹雪芹笔下的元春并未发表长篇大论的思念之辞，而是拉起弟弟的手，只说了一句话："又长高了……"继之泪如雨下。在这里，元春的话实在说得太少了，但是，却使我们更加强烈地感到了她痛苦的内心活动，收到了"以少胜多"的效果。如果让元春滔滔不绝地说这说那，即使言辞中可以加上善于表示痛苦的成分，但是人们的心灵也不会如这"又长高了"四字触动得那么强烈。这是因为能够反复陈述痛苦者，其痛苦尚属能抑制的状态，而连陈述痛苦都无法坚持者，其痛苦程度一定远胜于前者。

用执著和真诚打动对方

求人办事，我们难免会遭到对方拒绝，百谈不赢，面对这种情况，你不要灰心，要摆正心态，换一种角度想问题，用执著和真诚去打动对方。

意大利物理学家伽利略年轻时立志在科学研究方面有所成就，可他的父亲十分反对他搞研究，因此他特别希望得到父亲的支持和帮助。

有一次，他对父亲说："父亲，我想问您一件事，是什么促成了您同母亲的婚事？"

父亲回答说："因为你的母亲十分吸引我。"

伽利略又问："那您有没有娶过别的女人？"

父亲说："没有，孩子。家人曾经给我介绍了一位富有的女士，可是我只对你母亲情有独钟。"

伽利略说："您说得一点也没错，您不曾娶过别的女人，因为您爱的是她，可是您知道吗？我现在也面临同样的处境！"

除了科学以外，我不可能选择别的职业，因为我喜爱的正是科学！其他事物对我而言，都毫无用途与吸引力！难道我要去追求财富或是荣誉？科学是我唯一的需要，我对它的爱，就如同对一位美貌女子的倾慕。"

父亲说："像倾慕女子那样？你怎么会这样说呢？"

伽利略说："一点儿也没错！亲爱的父亲，我已经18岁了！别的学生，哪怕是最穷的学生都会想到自己的婚事。可是，我却从没想过。因为别人都想寻求一位标致的姑娘作为终生伴侣，我却只愿与科学为伴。"

父亲不说话了，只是默默地听。

伽利略继续说："亲爱的父亲，您有才干但没有力量，可是我却能兼而有之。为什么您不能帮助我实现自己的愿望呢？我一定会成为一位杰出的学者，并能获得教授身份。这样，我便能以科学为生，而且比别人生活得更好。"

父亲为难地说："可是我没有钱供你上学。"

伽利略激动地说："父亲，您听我说，很多穷学生都能领取奖学金，这些钱是公爵宫廷给的，我为什么不能去领一份奖学金呢？您在佛罗伦萨有许多朋友，交情也都不错，他们一定会尽力帮助您的。也许您能到宫廷去处理这件事，我们只需要请他们去问问公爵的老师奥斯蒂罗利希就行了，他了解我，知道我的能力。

父亲被说动了："嗯，你说得有理，这是个好主意。"

伽利略抓住父亲的手，开心地说："父亲，求您尽力而为。我向您表示感激之情的唯一方式，就是保证自己成为一个伟大的科学家！"

伽利略凭借执著的毅力和真诚的话语最终说服了父亲，实现了自己的理想，成为世界著名的科学家。

学会委婉的拒绝别人

有的时候别人会要求你做一些并不合适你做的事情，你当然是要拒绝的。不过拒绝的方式是非常重要的，如果不会说话，就会得罪别人；相反，如果言语委婉，态度恳切，不仅对方会明白你的意思，主动收回要求，而且会让别人认为你是真诚的。

在日常的工作和生活中，你是否遇到过这些伤脑筋的事：一个品行不良的熟人缠住你，非要你借钱给他不可，但你知道，如果借给他就等于肉包子打狗——有去无回；一个熟识的生意人向你兜售物品，明知买下就要吃亏；有的至亲好友，从不轻易开口求人，万不得已，偶尔求你一次，若不幸遭到拒绝，轻则失望、伤心，重则大发雷霆；有的患难之友，曾经在你困难时鼎力相助，如今有求于你，你心有余而力不足，但他不相信，指责你忘恩负义。这时，你该怎么办？记住，你不是神仙，没有"呼风唤雨"、"有求必应"的本领。该拒绝的，就得拒绝。如果不好意思当场说"不"，轻易承诺了自己不愿、不应、不必履行的职责，事办不成，以后更不好意思见人。

用幽默轻松、委婉含蓄的方式表明自己的立场，拒绝对方，既可以达到拒绝的目的，又可以使双方摆脱尴尬处境。

美国总统弗兰克林·罗斯福在就任总统之前，曾在海军部担任要职。有一次，他的一位好朋友向他打听在加勒比海一个小岛上建立潜艇基地的计划。罗斯福神秘地向四周看了看，压低声音问道："你能不对别人说吗？"

"当然能。"

"那么，"罗斯福微笑地看着他，"我也能"。

罗斯福用轻松幽默的语言委婉含蓄地拒绝了对方，在朋友面前既坚持了不能泄露的原则和立场，又没有使朋友陷入难堪，取得了极好的语言交际效果。以至于在罗斯福死后多年，这位朋友还能愉快地谈及这段总统轶事。相反，如果罗斯福表情严肃、义正辞严地加以拒绝，甚至心怀疑虑，认真盘问对方为什么打听这个、有什么目的、受谁指使，岂不是小题大做、无事生非，其结果必然是两人之间的友情出现裂痕甚至危机。

委婉的拒绝能让对方知难而退。例如，有人想让庄子去做官，庄子没有直接拒绝，而是打了一个比方，说："你看到太庙里被当作供品的牛马了吗？当它尚未被宰杀时，披着华丽的布料，吃着最好的饲料，的确风光，但一到了太庙，被宰杀成为牺牲品，再想自由自在地生活着，可能吗？"庄子虽没有正面回答，但一个很贴切的比喻却已经做出了回答，对方自然也就不再坚持了。

其实，拒绝别人的方式有很多种，可以给自己找个漂亮的借口，或者运用缓兵之计，当着对方的面暂时不做答复，或者用一种模糊笼统的方式让对方从中感受到你对他的请求不感兴趣，从而达到巧妙的拒绝效果。这样的拒绝，既不会影响感情，又能体现出善意和坦诚。学会委婉的拒绝别人的要求，做事的时候就可以进退有据，既不会让人认为你没有信用或者能力不足，也不会自找麻烦。

从巧妙沟通中获得 "回报"

智慧的语言创造成功

会说话的人都会倾听。学会倾听，不仅是对他人的尊重，还可以更好地注意到他人的言谈神色，判断出他人的心理活动，说话的时候就可以有的放矢。正所谓知己知彼，战无不胜。

汉高祖刘邦建国的第五年，消灭了项羽，平定了天下，应该论功行赏。在这个时候群臣彼此争功，吵了一年都无法确定。刘邦认为萧何功劳最大，封地也最多。但是群臣心中不服，议论纷纷。在封赏勉强确定之后，对席位的高低先后又起了争议，大家都说："平阳侯曹参身受创伤七十余处，而且攻城掠地，功劳最大，应当排他第一。"刘邦因为在封赏的时候已经委屈了一些功臣，多封了许多给萧何，所以在席位上难以再坚持，但心中还是想将萧何排在首位。

这时候关内侯鄂君已经揣摩出刘邦的意图，就挺身上前说道："群臣的决议都错了！曹参虽然有攻城掠地的功劳，但这只是一时之功。皇上与楚霸王对抗五年，常常丢掉部队四处逃跑，而萧何却源源不断地从关中派兵员填补战线上的漏洞。楚、汉在荣阳对抗了好几年，军中缺粮，都靠萧何转运粮食补给关中，粮饷才不至于匮乏。再说皇上有好几次逃到山东，都是靠萧何保全关中，才能接济皇上，这才是万世之功。如今即使少了一百个曹参，对汉朝有什么影响？我们汉朝也不必靠他来保全啊！为什么你们认为一时之功高过万世之功呢？我主张萧何第一，曹参其次。"刘邦听了，当然说："好。"于是下令萧何排在第一，可以带剑入殿，上朝时也不必急行。

后来刘邦说过："吾听说推荐贤人，应当给予最高的奖赏。萧何虽然功劳最高，但因听了鄂君的话，才得以更加明确啊！"刘邦没什么文化，在分封诸侯的时候，将一些从前跟着他出生入死、身经百战的功臣比喻为"功狗"，而将发号施令、筹谋划策的萧何比喻为"功人"，所以萧何的封赏最多。

明眼人一看就知道刘邦宠幸萧何，所以安排入朝的席位上，刘邦虽然表面上不再坚持萧何应排在第一，而鄂君早已揣摩出他的心意。于是顺水推舟，专拣好听的话讲，刘邦自然高兴。鄂君也因此多了一些封地，被改封为"安平侯"。

对他人的意思细心倾听之后，再投其所好有所作为。这是一种说话的策略，在双方力量悬殊的情况下，不妨运用一下这种策略，以屈求伸。这与两面三刀是不同的，两面三刀是小人的卑劣行径，而投其所好是智者的智慧。再者，两面三刀是阴险诡秘，为人所不齿，而投其所好是为了保全自己而采取的策略。

当然，说话时不能仅仅是被动的静观默察，还应该主动出击，采用一定的策略，去激发对方的情绪，才能够迅速准确地把握对方的思想脉络和动态，从而顺其思路进行引导，寻找到最适合的言词，这样的说话方式是无往而不利的。

说出那句深入人心的美言

古人形容美人的体态是"增一分则太肥，减一分则太瘦"。同样写文章说话讲究言简意赅，"增一字则密，删一字则疏"。大诗人海涅曾经说过："做演讲不能像皇帝出行，前后簇拥着一大队人马。一句浩浩荡荡的句子里，往往只有一点儿意思，仿佛一辆金碧辉煌的宫廷大车，驾上六匹装饰华丽的马，一路行来，好不隆重。"

说话的时候是靠具有实际意义的内容来打动对方，而不在于言辞多么华丽。

絮絮叨叨的长篇大论只会让人厌烦，使人昏昏欲睡。只有简洁明快，语言流畅，才能使对方在有限的时间里集中精力，让别人对你所讲的内容产生兴趣，进而受到感染。

美国总统林肯是一个说话出了名简洁有力的人，他曾有一篇只有十个句子的演讲，却产生了轰动效应，而且成为演讲中的经典。这篇讲演便是《在葛底斯堡烈士公墓落成典礼上的演说》。

当时，林肯刚刚就任美国总统，随后不久就爆发了南北战争。南方反对废除奴隶制的各州宣布脱离联邦，要求独立。以林肯为首的联邦政府当然不能容忍，战争由此而发。

1863 年 7 月，联邦政府军与叛军在葛底斯堡发生了一场激战，最终政府军取得了胜利。南方叛军严重受挫，元气大伤。自此之后节节败退，直至最后无条件投降，所以这场胜利意义深远。但是在这次战斗中，政府军也损失惨重，为了纪念这些为国捐躯的烈士们，联邦政府在葛底斯堡修建了国家烈士公墓，在公墓落成典礼上，林肯发表了这篇著名的演说："八十七年前，我们的前辈在这块大陆上缔造了一个新的国家。孕育于自由之中，主张人人生而平等。现在我们进行这场伟大的内战，正在考验着这个国家，也考验着任何一个奉行这种原则的国家，看它是否能够长期存在下去。我们就是在这场战争中的一个伟大的战场上举行集会的。我们举行集会，是为了把这个战场的一块土地奉献给那些为这个国家的生存而壮烈牺牲的人们，作为他们的最后安息之所。我们这样做，是非常适宜，非常恰当的。但是，从更广泛的意义上说，我们不可能奉献这块土地，我们不可能使之更加神圣。因为曾经在这里浴血奋战的活着的和牺牲了的勇士们，曾经使它神圣至极，远非我们尽这点微薄的力量所能增损。

✳习惯点滴✳

要做到语言简洁表意准确，看似简单，实则不然，需要有较好的文字功底和一定的概括能力。所以，在当今快节奏的生活中，人们没有耐心去听那些漫无边际的空洞语言。如果能用一句话把意思表达清楚，就请你只说一句话吧！

"我们在这里讲的话，人们将不会怎么注意，更不会长久记在心里，而勇士们的业绩，人们将永远不忘。我们这些活着的人们，倒是应该在这里把自己奉献给勇士们曾经如此崇高地向前推进的未尽事业。我们倒是应该把自己献给遗留在我们面前的伟大任务。从这些光荣的死者身上学习更多的献身精神，来完成他们为之竭尽忠诚的事业。我们在这里庄严地表示我们的决心，决不让死者的鲜血白流，要使这个国家在上帝的保佑下得到自由和新生，使民有、民治、民享的政治制度永世长存。"

整个演讲用了不到三分钟的时间，前半段，简明扼要地说明了这场战争的性质和意义，以及举行这集会纪念烈士的必要性。语言如飞瀑直下，紧凑快捷。接着，又用了几句话说明了烈士们的功绩远非这种纪念所能达到的。突出了整篇演讲的主题——为国捐躯的烈士们应该受到人们无比的敬仰。最后几句话号召活着的人们完成烈士们未尽的事业，使民有、民治、民享的政治制度永世长存。整篇演讲语言朴实、发人深省，虽然篇幅短小但句句言而有实，言简意赅，成为流芳百世的佳作。

有没有因为说话长篇大论而把事情办砸的呢？曾经有一次，马克·吐温到教堂做礼拜，恰逢一位传教士在搞募捐活动。刚开始，传教士声情并茂地讲叙着非洲的苦难生活，希望大家能够伸出友爱之手，帮助那些穷困潦倒的非洲人。马克·吐温听后十分感动，决定等教士讲完了捐出五十元。

但是过了十分钟，传教士还在絮絮叨叨地讲个没完。马克·吐温有点不耐烦了，心想：看来，待会儿我只能给他捐二十元了。

又过了十分钟，传教士还没讲完，马克·吐温生气了，对自己说：待会儿我一分钱也不出看他能怎么样。

终于，半个小时后，传教士讲完了。当他拿起钵子挨个向听众们募捐时，忍无可忍的马克·吐温不但一分钱没掏，反而从钵子里拿走了两块钱。

滴水不漏的周恩来

美国前总统尼克松说："20世纪只有少数人比得上周恩来对世界历史的影响。在过去25年里我有幸会见过的一百多位政府首脑中，没有一个人在锐敏的才智，哲理的通达和阅历带来的智慧方面超过他，这些使他成为一位伟大的领导人。"

1943年6月下旬，周恩来由重庆返延安，中途要经过西安。当时在西安的是第八战区副司令长官胡宗南。正值国共合作共同抗日，所以胡宗南获悉周恩来要经过西安，便预备安排酒会，招待周恩来。

酒会是在周恩来到达西安的第二天举办的。西安黄埔六期以上的将级军官30人各自带着夫人出席。因为周恩来做过黄埔军校的政治部主任，所以他们都对周恩来以师礼相待，而且事前他们都接受了胡宗南交给的任务——争相敬酒，把周恩来灌醉。

但是在反应机敏应对有术的周恩来面前，他们的小把戏根本排不上用场。

首先王超凡致欢迎词。致词最后，他说："在座的黄埔同志先敬周先生三杯酒，欢迎周先生光临西安。请周先生和我们一起，祝领导全国抗战的蒋委员长身体健康，请干第一杯。"

周恩来微笑着举起酒杯说："王主任提到全国抗战，我很欣赏。全国抗战的基础是国共两党的合作。蒋委员长是国民党的总裁，为了表示国共合作共同抗日的诚意，我作为中国共产党党员，愿意为蒋委员长的健康干杯。各位都是国民党党员，也请大家为毛泽东主席的健康干杯！"

这番应答一出，在场的人都愣住了。周恩来看了看四周，笑着说："看来各位有为难之处，我不强人所难，这杯敬酒免了罢"。

王超凡就这么败下阵来。

这里我们看到，王超凡本想让周恩来连喝三杯酒，不料头一杯酒就被对方推掉了。他想让周恩来跟他们一道为蒋介石的健康干杯，周恩来却没有正面应对这个难题，而是把难题又抛给对方——提议所有人为毛泽东主席的健康干杯。如此一来，他们自然也不会就范。

可以说，周恩来这一拒绝技巧完全达到了"让对方替你说'不'"的境界。

紧接着上阵的是十几位打扮得花枝招展的夫人。她们在周恩来面前一同举杯。其中一位说："我们虽然没进过黄埔军校，但都知道周先生在黄埔军校倡导黄埔精神。为了发扬黄埔精神，我们每人向周先生敬一杯。"

周恩来非常风趣地说："各位夫人很漂亮，这位夫人的讲话更漂亮。我想问：我倡导的黄埔精神是什么？谁答得对，我就同谁干杯。"夫人们顿时张口结舌。胡宗南忙说："今天不谈政治，只叙旧谊。"周恩来转向夫人们说："我们就谈点别的。"同她们分别寒暄了几句，然后周恩来把她们送回原座。这十几位夫人虽然没敬成酒，但在周恩来跟她们交谈了之后，却个个显出很高兴的样子。

提出一个对方不能答应的条件，对方自然会主动收回自己的要求。周恩来的拒绝方式就是这么巧妙。而且更让你我不得不佩服的是，他在拒绝了对方的要求之后，还能使对方觉得高兴。

这时只见十几位将军排成一行，举杯向周恩来走来。领头的代表说："刚才胡宗南长官指示我们，今天只叙旧谊。当年我们在黄埔军校学习，周先生是政治部主任，同我们有师生之谊。作为周先生的弟子，我们每人向老师敬一杯。"

只见周恩来又微微一笑说："胡副长官讲，今天不谈政治。这位将军提到我当过黄埔军校政治部主任。政治部主任不能不谈政治，请问胡副长官，这杯酒该喝不该喝？"

胡宗南说："他们都是军人，没有政治头脑，酒让他们喝，算是罚酒。"十几位将军只好各自干杯。

周恩来拒绝了这杯酒之后，微笑着同

❋习惯点滴❋

周恩来的回答就是这么滴水不漏，他既体现了自己尊重妇女，又实现了自己以茶代酒，更向外界表达了延安人民生活的艰难，以及通过自力更生的精神彰显对未来中国会富强起来的信心。

那十几位将军一一握手，并逐一问到他们的姓名、职务。

这些将军也跟刚才那些夫人们一样，回到座位上，个个面露喜色。

又一批夫人走向前来，领头的一位看着稿子说："我们久仰周夫人，原以为今天能看到她的风采，想不到她因身体不适没有光临。我们各敬周夫人一杯酒，表示对她的敬意，祝她康复，回延安一路顺风。我们请求周先生代周夫人分别和我们干一杯。周先生一向尊重妇女，一定会尊重我们的请求。"

这个要求很理直气壮，好像周恩来如果不答应，就属于歧视妇女。这该怎么回答？

没想到她的话音刚落，周恩来就接住话茬，并且态度十分严肃地说："这位夫人提到延安，我要顺便说几句，前几年，延安人民连小米都吃不上。经过自力更生，发展生产，日子比过去好，但仍然很艰难。如果让邓颖超同志喝这样好的酒，她会感到于心不安。我尊重妇女，也尊重邓颖超同志的心情。请各位喝酒，我代她喝茶。我们彼此都尊重。"

正话反说也是一种交流技巧

俗话说："道高一尺，魔高一丈。"你求人时说话比对方有气魄，正话反说，收到的效果是迅速而又圆满的。

"春秋五霸"之一的楚庄王，他在争得中原霸主地位后，逐渐自大起来，而且开始沉溺于酒色之中，没有当年争夺霸权时的那种锐意进取精神了。

一次，楚庄王得到一匹身躯高大、色泽光鲜的骏马，心里高兴极了。楚庄王便从此一心扑在这匹马身上，每日里嗜马如命。不料事与愿违，没过多久，这马便死了。楚庄王非常痛苦，为了表达他对爱马的真情，决定为马发丧，金殡玉葬，以大夫礼葬之。

楚庄王的决定一发布，立即遭到群臣的反对，许多忠直之士以死相谏，但楚庄王主意已定，谁也无可奈何。正当群臣摇头叹息之际，突然从殿门外传来号陶大哭之声，楚庄王惊问是谁，左右告之是侍臣优孟。于是，楚庄王立即传令优孟进见，问道："爱卿，何故大哭？"

优孟一边抹眼泪，一边哭哭啼啼地说道："堂堂一个楚邦大国，有什么事情办不到，有什么东西得不到？大王将自己所爱之马以大夫之礼下葬，不但不过分，而且规格还嫌低了。我请大王应该将爱马以国君之礼葬之，赐以玉雕棺材，好木头做的棺椁，而且要全国老幼抚土掩埋，通知邻国来唁悼。这样让诸侯们也好知道大王您看重马而轻于人，这不是很明智的举动吗？"

优孟的话音刚落，群臣一片喧哗，以为优孟之说，十分荒唐。楚庄王一听，却沉默不语，细细品味优孟话中的真意。寻思良久，低着头慢慢地说："我说以大夫之礼葬之，确实太过分，但话已传出，现在能怎么办？"

优孟一听，马上接口道："我请大王将死马交给厨师，用大鼎烹饪，放上调料，煮熟后，马肉让群臣饱餐一顿，马骨头以六畜之礼下葬。这样，天下人以及后世就不会笑话您了。"

楚庄王找到了一个台阶下，群臣大吃了一顿马肉，事情也就此了结了。优孟的能说会道，劝阻了楚庄王荒唐的行为，但是为什么其他的大臣劝谏不成呢？原因就在于他们心有余而"口"不足。

优孟因侍奉楚庄王多年，深谙楚庄王的性情，知道此时的楚庄王，忠言直谏是行不通的。因此，他在获悉群臣劝谏失败之后，采取一种"正话反说"的策略，先顺着楚庄王之意说下去，自然地在依从中露出揶揄、讽刺之意。先指出楚国是个实力雄厚的国度，无坚不摧，任何事情都办得到，应该以人君之礼葬马。这些话在楚庄王听来自然舒服，甚至感谢优孟对自己爱马之情的深刻理解。这样一步一步说下去，楚庄王也不是傻瓜，当然懂得其中的真正意思。

✳习惯点滴✳

大王以国君之礼厚葬爱马，这着实是"贵马"之举，但是在它的反面是"贱人"。优孟正是运用"正话反说"的方法，从称赞、礼颂楚庄王的"贵马"精神的后面烘托出另一相反的却又正是劝谏的真意——讽刺楚庄王"贱人"的昏庸举动，从而把楚庄王逼入死胡同，使他不得不回头，改变自己的决定。

幽默的语言让你成为美国总统

美国人非常在意一个人是否有幽默感，这从历届当选为美国总统的人身上都具备丰富的幽默感这一现象看得出来。

林肯可以说是美国历任总统中最具幽默感的一位，他早在读书期间就表现出了他的幽默机智。

林肯上学时，一次考试，老师这样提问他：

"林肯，这里有一道难题和两道容易的题目，由你任选其一。"

"那我就选那道难题吧。"

"那么你来说说，鸡蛋是怎么来的？"

"鸡生的。"

"那鸡又是怎么来的呢？"

"老师，这已经是您提的第二个问题了。"

林肯在斯普林菲尔德担任律师期间，有一天步行到城里去。一辆汽车从他身后开来，他喊住司机说："可不可以帮我个忙？把我身上这件大衣捎到城里去？"

"这有什么不可以，拿来吧……可是，到时候你怎么重新拿到它呢？"司机问。

"哦，这很简单，把我裹在大衣里不就行了"。

司机被林肯的回答逗乐了，愉快地招呼他上了车。

有时候，即便我们事后知道对方先前提出的要求属于耍小聪明，也很难狠下心"追究"对方的责任，因为对方的表现太机警了。

有一次，林肯出席报纸编辑大会，在会上发表演讲。

林肯说他不是报人，也不是编辑，今天

有幸参加这个大会，实际上很不相称，真有点勉为其难，于是即兴讲了一个故事：

"有一天，我在森林中散步，遇到一位骑马的贵妇人。我停下来，站在路边给她让路。可是她喝令马停下来，目不转睛地盯着我的面孔说：'我现在敢肯定，你是我见到的最丑的人了。'我连忙回答说：'尊贵的夫人，你可能是对的，但是这又有什么办法呢？我的长相是不能选择的呀！'她说：'长相不能选择，但道路不是可以选择的吗？你干什么要和我走在同一条路上，而且是走对头呢？''是呀，'我说，'这是为什么呢？'

她说：'当然，已经生就了这副丑相是没有办法改变的了，但是你可以待在家里，老老实实地，不要到处露面啊！'"与会者都对林肯的幽默和谦虚报以热烈的掌声。林肯的幽默和机智是众所周知的，他的反应速度也是非常快捷的，常常使对方还没有来得及准备，便被反弹回来的自己挑衅的子弹击中了。

有一天，一位外交官偶然看见美国总统林肯正在擦自己的皮靴。这位外交官不怀好意地问林肯："尊敬的总统先生，您经常擦自己的靴子吗？"这句话显然有刺，并且带有挑衅和污蔑的味道。平民出身的林肯总统并没有直接正面回答外交官的问题，只是轻描淡写地回答道："看来，你是经常擦别人的靴子了！"

林肯当总统期间，有一天一位妇人理直气壮来找她论辩：

"总统先生，你一定要给我儿子一个上校职位！我并非请求您恩赐，而是我们有这样的权利。我的祖父参加过雷新顿战役，我的叔父在布拉敦斯堡是唯一没有逃跑的人，我的父亲又参加过纳奥林斯之战，我丈夫牺牲在曼特莱，所以……"

"夫人，感谢您一家三代为国服务，对于国家的贡献实在无人可比。现在您能不能为别人提供一个为国效命的机会呢？"林肯彬彬有礼地问道。

那位夫人罗列自己一家为国家作出许多贡献，以此作为自己儿子谋取上校职位的资本，这种认识当然不正确，然而林肯并没有对此提出任何批评意见，而是巧妙地转换逻辑，以请求对方为他人提供一个为国效命的机会，婉转地回绝了对方不合情理的要求。

道格拉斯曾经是林肯竞选总统时的对手，结果林肯胜出，道格拉斯落败。道格拉斯对自己的遭际自然心有不甘。

林肯当选总统之后，有一天出现在一个公众场合，恰巧碰到了道格拉斯。

道格拉斯看到了令自己竞选落败的老对手林肯，不由得思潮涌集，他要出出胸中的闷气。

"林肯先生，我最初认识你的时候，好像你还是一家杂货店的老板。你站在一大堆杂物中卖雪茄，卖威士忌……真是个很不赖的酒店男招待！"

林肯并没有对这种嘲讽表露明显不悦，而是冷静地向现场的人宣讲："各位先生，道格拉斯先生说的完全正确。我的确开过一家杂货店。我还记得道格拉斯先生曾是敝店的常客。很多次他都是站在柜台那头，而我站在柜台这头。只不过，现在我已经从柜台这头离开了，而我们可敬的道格拉斯先生，却依旧顽强地坚守在柜台那头，说什么都不肯走。"

林肯话音刚落，现场一阵哄笑，道格拉斯的表情一下子凝固了。

美国第27任总统塔夫脱曾经被困在一个乡村的小火车站，很长时间都等不来火车。他无意中发现站台的条文上说，如果有很多人想上车，快车也会在这个小站停留。

很快，一辆快车的列车调度员收到一份电报，说在克斯维尔（塔夫脱所在的车站）有一大批人等着上车。当快车在克斯维尔停住时，塔夫脱只身一人上了列车。随后他向迷惑不解的列车员说道："可以开车了，我就是那一大批人。"

塔夫脱的表现类似于恶作剧，当然不值得我们效仿，但是从他表现出的这种小聪明来看，不是可以让我们欣赏到一种政治人物身上那种难能可贵的人情味吗？

※ 习 惯 点 滴 ※

简单一句话就化解了宾主之间的尴尬，这就是幽默语言的魅力。所以你在平时就要培养自己的幽默细胞，这样才能在与他人交往中，不管出现什么意想不到的难题，凭借自己巧妙的语言技巧，你都可以轻松地化不利为有利。

美国第13任总统柯立芝向来以寡言少语著称，但他在应对别人的提问时却往往不乏幽默。

有人曾说柯立芝"看上去像从盐水里捞出来的"，意在嘲笑柯立芝做人缺乏趣味，选他做美国总统是美国人民的失策。柯立芝对此做了这样的回答：

"我认为美国人民希望有一头严肃的驴做总统。我只是顺应了民心而已。"

柯立芝以这种风趣的自我解嘲婉转地回击了对方的诘难。还有一次，他出席一次宴会。一位夫人坐在他身旁，想方设法要跟他多聊两句。

"柯立芝先生，我和别人打了个赌：我一定能从你口中引出三个字以上的答话！"那位夫人说。

"你输了！"

柯立芝平静作答。

与此类似的一件事是，一位社交界的知名女士也曾经与柯立芝相邻而坐。在她滔滔不绝、高谈阔论后，柯立芝仍然一言不发，她就赌气地对总统说："总统先生，今天，我一定让您多说几句话，起码也得超过两个字。"

"徒劳。"柯立芝回应。

看了以上柯立芝的轶事，你千万不要以为总统的语言特色就是这样，里根总统访问加拿大在一座城市发表演说时，一群反美示威的人不时打断他的讲话。当时作为欢迎一方的加拿大总理皮埃尔·特鲁多对此也无可奈何，场面有些尴尬。面对这一窘境，里根反而轻松地对皮埃尔·特鲁多笑言："这种情况在美国经常发生，我想这些人一定是特意从美国跟随我来到贵国，想让我体会一种宾至如归的感觉。"

习惯养成第五课：
培养良好的交流学惯

1. 当别人同你说话时，你能保持和他对视多长时间？

2. 到商城去找一个座位坐在那里，观察人们彼此如何交流。观察人们如何运用形体语言。

3. 你今天与人交流中尝试对一个人用反射法，对另一个人用模仿方式，只是开玩笑。比较一下结果。

4. 问一下自己："倾听时的五种坏习惯哪一种在我身上最成问题？是走神？假装在听？时听时不听？听话只听声？还是以我为中心地听？"现在，试着度过没有这种坏习惯的一天。

   我最需要改掉的不良倾听习惯是：_____

5. 本周找个时间问老妈或老爸："今天怎么样？"敞开你的心扉，实施真正的倾听。你会对了解到的东西大吃一惊。

6. 如果你特别健谈，那就休息一下，用一天的时间倾听。只是在该你说话的时候再说话。

7. 下一次当你发现自己想把感情深藏起来的时候，不要这么做。反之，用一种负责的方式将感情表达出来。

8. 想象一下你的富有建设性的反馈真的有助于他人的情景。找个适当的时间尝试一下。

   能从我的反馈中获益的人：_____

第六篇

人生怎能不担当

——培养自主管理，重担责任的习惯

最终需要自己管理自己

主随客变——学习环境管理

　　环境是指在人的心理、意识之外对人的心理意识形成或发生影响的全部条件，包括个人身体之外的客观现实，也包括身体内部的运动和变化。我们在这里所要讲的是人类特有的社会环境的一种，即学习环境。

　　学习环境主要包括三种：社会环境、家庭环境和学校环境。这里所说的环境，并不是仅仅指硬件设施，像学校的教室是不是明亮宽敞，是不是有电脑房、体育馆等等，而更多的是指一种学习气氛和人际关系，这是学习环境的一个重要方面。我们应该很容易理解，如果我们在家里学习的时候，爸爸、妈妈总是在旁边唠叨不停，或者总是大吵大闹，弄得你心烦意乱，这样你就没有办法安心学习。在这个时候，即使你的房间里环境特别好，灯光柔和，空调、电脑什么都有，但你还是不能够专心看书。所以说，学习环境的好坏，关键在于学习气氛的融洽，而不是物质条件有多好。

社会环境的管理

　　我们的社会庞大而复杂，从总体上来讲，比较稳定祥和，而且正在稳步地向前发展。但是，从小范围来看，社会还有一些不良的风气存在，治安有一定的问题，社会流氓有时会干扰我们的学校，一些学生被抢劫和威胁，甚至危害到生命。这样的环境是对我们学习环境的一个极其严重的冲击。

　　还有一种不良社会风气就是盲目的追星，很多学生喜欢模仿歌星、影星的样子，有的会沉溺于系列小说《哈利·波特》，有的会熬夜看某个球星的出场，这些行为如果在一个适度的范围内进行，是无可厚非的，因为我们也应有适当的闲暇时间，来丰富我们的业余生活。但是，如果盲目地随波逐流，并且沉溺于追星而不能自拔的话，则是一种心理上的扭曲，对我们的学习同样有害而无利。

对于这样一些不良的社会环境，尽管凭借我们自己的能力无法去扭转和改善，但是我们可以进行自我约束、自我克制，避免沾染不良风气。比如说不和社会上不务正业的人接触，少进入或不进入游戏机厅、网吧、桌球室等这样一些公共场所，也要规劝身边的同学不要进入那些场所，千万不要拿自己的青春去赌明天，我们还是学生，在这一点上，谁也输不起。

前不久，一家报纸刊登了一位中学生家长的来信，呼吁青少年朋友千万不要沉溺于网吧、游戏厅这样的公共场所。因为他的孩子就是因为整日整夜地在网吧上网玩游戏，最后心力衰竭，死在了电脑前。这是多么可悲的一件事情，而且这样的悲剧完全是可以避免的。只要我们有点良知，就可以明白和了解事情的严重性以及对我们的身心所造成的伤害。我们一定要吸取同龄人的教训，不要重蹈覆辙，酿成大错。

家庭环境的管理

我们的家庭环境一方面来说，它是客观的，不是我们能够改变的。比如说学习空间的大小、学习条件的好坏等等，在一定时期里是固定的。但是，从另一方面来讲，我们是可以通过努力不断地改善的。

有一位王同学这样抱怨道："我一听到父母和我谈学习就觉得烦，我听得都厌了，我又不是他们手里的工具，我知道他们也是为我好，希望我能考上一个好的大学，我学习也挺认真的，只是成绩不太好。他们看到我晚上9点就睡觉总说这么早睡干吗，再看一会儿书。而当我看书到深夜时，他们却又心疼地说早点睡吧，还非要给我买补品，我根本不需要吃什么补品，我需要多些休息。我和父母之间除了学习之外竟没有别的话题，我很希望父母能和我谈谈别的，不要给我太大压力。"

而马同学则是这样说的："我的父母亲平常工作很忙，很少有时间关心我的学习，不过我的成绩还是不错的，我想父母没时间关心我的学习，并不会影响自己学习的积极性，因为念书是我自己的事，我不是为别人。而是为了实现自己的理想而读书，相反我倒是觉得不需要父母经常问我学习情况，因为现在的学习压力很大。如果父母总问学习会给自己增加压力的。每天吃晚饭时，我会习惯性地跟父母说说学校里的事，和父母交流一下对某个新闻或是某个事件的看法，很轻松地交谈。每个周末一家人都要去逛街买东西，假期里全家人还会外出旅行。今年我过生日，妈妈还给我买了巧克力，我觉得一家人生活得很开心，有这样轻松的家庭环境烦恼很少。"

这两个中学生的物质生活差不多，家庭条件都比较优越。但是，很明显，一个是在抱怨，一个是觉得很满意，很开心，学习环境截然不同，这是怎么回事呢？我们说，创造优良的家庭环境需要自己和父母的共同努力，当我们无法扭转父母的态度时，我们就应该试着转变自己的态度，正所谓"客"随"主"变。我们不能总是埋怨爸爸妈妈太罗嗦，对自己要求太严格，对自己的学习管得太苛刻。我们应该知道，怜子莫如母，可怜天下父母心，我们的父母都是希望我们将来能够出人头地，希望自己的孩子能够在学习上激流勇进，这是非常真实朴素的愿望，我想同学们应该理解父母的一片苦心。

我们要学会自己去调节家庭环境：当气氛紧张或者令人烦闷的时候，你应该首先调整自己的心情，不要过度地卷入爸爸妈妈的纷争中；当爸爸妈妈把矛头转向你的时候，你更要心平气和地调解气氛，一切要以学习为重。不要因为父母的一点唠叨，就对父母耿耿于怀，这样，搞坏了自己的心情，不利于家庭氛围的融洽，也不利于学习的进行。让我们来看看中学生灵灵在家里是怎么管理自己的学习环境的。

灵灵的妈妈爱唠叨，总是不厌其烦地教导她要好好学习，这样将来才能找到一个好工作，因此每次的吃饭时间就成了妈妈说教的时间。开始的时候，灵灵也对妈妈的唠叨产生过厌烦，总和妈妈顶嘴甚至引起争吵。每次吵完架，她就回到自己房里生闷气，什么事情都不想做。这样一来，妈妈就会以为她无心念书，对学习没有了信心。结果，下一次妈妈就会变本加厉地说她，搞得她心情更加糟糕，对学习一点帮助都没有。灵灵觉得这样子不行，她得想办法改变这种状况。

于是，在妈妈又开始唠叨的时候，灵灵换了一种心态来思考妈妈的话，把妈妈的唠叨当做对自己学习的一种激励和对自己的关心。如果哪天突然间没有了，可能就意味着妈妈对自己失望了，没有信心了。所以，她现在是在不断地得到鼓励和动力，即使不为了自己，而是为了妈妈，也要把学习搞好。因此，在聆听妈妈的啰唆时，灵灵不再显得厌烦，而是主动和妈妈探讨学习对自己将来的帮助，并且积极地向妈妈说明自己正在努力，希望妈妈能够经常地换一下话题，这样能够给她带来好的心情，学习起来也会更有效率。妈妈听了觉得很有道理，有时候就会和她谈一些学习之外的话题。比如说菜的味道啊，工作单位发生了一些什么事情啊，周末去购物等等。灵灵也觉得很有兴趣，也会把自己班级里的事情跟妈妈说。渐渐地，饭桌成了家庭交流沟通的重要场所，大家都很珍惜吃饭的时间，再也不会出现争吵和冷战的尴尬场面。灵灵很高兴这一变化，觉得自己的学习环境大大地改善，她可以在一个和睦的气氛下安心学习了。

这是一个"主"随"客"变很好的例子，我们在上一节里提到了，自己要做学习的"主人"，我们是"主"，相对来说，学习环境就是

客观的，要改变是比较困难的。但是我们可以调节自己的心态来间接地改变它，最后还是让它为自己的学习服务。

学校环境的管理

一些同学在学校的时候会觉得适应不良，甚至会得一种叫做"学校恐惧症"的心理疾病。造成学校适应不良的原因有很多，其中有一条就是不适应学校的学习环境。

学校的硬件设施同样不是我们所能改变的，它是一个客观的存在物，我们只能利用和适应而不是去改变。我们能管理的，是一种看不见的学校环境，那就是学校班级里的学习气氛、同学间的人际关系、师生之间的人际关系等等。这都是一种隐含的学校环境，管理好了这些，即使是破旧的教室，没有操场的学校也可以出现优秀的学生。

很多时候，我们是因为害怕老师的责罚而惧怕上课，或者因为同学之间的竞争压力太大而对学习失去了信心，这些都是学习环境的不良刺激所导致。可以这么说，学校是我们主要的学习场所，只有这个场所给我们提供科学的、健康的学习环境，我们才能把心思很好地集中在学习上。这样，既学习了知识，又培养了良好的心态。但是，我们不能总是要求别人给予我们所想要的，比如说，我们不能认为老师就应该对学生和颜悦色，对学生不遵守纪律的情况也是睁一只眼闭一只眼；也不能因为同学之间有了相互竞争而把关系搞僵，以致破坏了友谊，影响自己的学习。

那么，我们究竟应该如何来管理自己在学校的学习环境呢？先来看看一位同龄人的自述。

"我的学校是一所市级重点中学，有很多优秀的学生，学习压力非常大。我在班里的成绩不算很好，但是我能让自己在强大的竞争对手中保持对学习的信心和动力。我从来不会因为老师对我的几句教诲就怀恨在心。我知道老师很关心每一个人，希望看到每一个人都能有进步，所以对我们这些成绩差一点的学生会多加关照。这样想了，我就不会觉得丧气，不会和老师对着来。我反而很感谢我的老师，并且暗暗努力，一定要以优秀的成绩回报老师。

　　我和同学们的关系也很好，我喜欢和成绩比我好的同学在一起，经常会虚心地向他们请教一些问题，和他们很谈得来。我觉得，虽然他们在学习上是我强大的对手，我需要经过长时间的努力才能赶超他们，但是。在平时，我们就是好朋友，一起玩，一起谈天说地。很开心，很融洽。这样一来，我总能给自己创造出良好的学习环境，每天去学校上课，总觉得是一个新的开始。因为在那里有老师的关心，有同学的互相帮助，这样很好。"

　　还有一段是宏志班一位同学的自述：

　　"我的成绩比较优秀，这些成绩的取得，除了我个人的努力之外，我也很感激班上的同学，同学们一个个都很认真，相互帮助的气氛也很浓厚，给我提供了很好的学习气氛。对手多了，我再也不会做一只井底之蛙，而且我也经常向周围的同学请教问题。每一位同学都很热情地给我讲解，不认为我的问题会打扰他们的学习。真的，我非常感谢他们。"

　　从这两个中学生的自述中我们可以看出来，学校环境的管理关键也在我们自己，我们还是要"主"随"客"变，随着客观环境的变化在心态上做出调整，让自己的心理环境保持健康，保持最佳的学习状态。

习惯养成第六课：
值得学习的地方无处不在

现代人类正处在信息时代，增强效益观念，学会有效地利用人力、物力与时间资源，应是面向 21 世纪学生必备的心理素质，而这一点在我们的学习中常常被忽视。一位研究生在对美国加州大学伯克利分校进行的一项试验中发现：新生班的微积分课程教学，按平均分计算，这个班的亚裔美国学生比另一些少数民族学生的成绩要好，而两者的学习基础相同。其主要原因在于亚裔学生常在一起讨论作业中的难题，共同找出各种解法，并各自说明自己的思路。而其他学生是孤军奋战，大量时间花在一味地读课本上，即使此路不通，也要反复用同一种方法解题。这个实验研究说明了在学习过程中有效地利用人力资源的意义。

其实，在我国古代最早的学习理论论文《学记》中就有"独学而无友，则孤陋而寡闻"的精辟论述。在学习过程中，教师、家长、同学、朋友都是可以利用的人力资源，只要是能者就可为师；此外，图书、资料、报纸、杂志、电视新闻等都是可以利用的信息资源，尤其是现代的网络信息，更是值得我们很好利用的一个信息源。

现在哈佛大学攻读博士学位的雷鸣同学，中学时代是一个善于利用图书资料钻研的学生。他不仅通过借阅增长知识，还把零用钱积累起来买书自学，扩大自己的视野，了解科学技术的发展动态、世界发展前途和热点问题。用他自己的话说：这有助于将来学习科学，或经商，或其他。他还是一个不盲从，敢于质疑、善问的学生。一次物理课上，教师在讲解一道题时说这道题只能有一种解法，雷鸣不盲从，他应用牛顿力学定律去分析，使此题有了第二种解法，并大胆地与教师去争论，争论的结果证实了其解法的有效性。

优秀学生大都会有效地利用人力与物力资源。而有些同学恰恰是不知道如何有效地利用这些资源，遇到不懂的问题不敢问教师，也不愿去问同学；不能主动与同学交流学习经验，学习他人的长处，调整自己的学习方法；更不知道如何利用图书资料、互联网去拓展自己的认识空间。因此，现代中学生必须树立利用各种资源进行学习的新观念。

"资源"在现代汉语词典中的解释是指生产资料或生活资料的天然来源、资财的来源、地下资源、水力资源、人力资源等。随着信息社会的到来，我们对资源的理解早已突破了"物质资源"这个局限。就拿我们的学习资源来说，已经不仅仅是指我们上课用的课本、练习指导等一些书本资料，还包括像磁带、光盘等这样一些音像资料。同学们可以发现，自从有了多媒体教学，我们的课堂里不仅是讲台、黑板、模型等这样一些教学器材，而是扩展到了录像、投影、幻灯、多媒体计算机等一些设备，当然还可以有网络等其他渠道。同时学习资源也不仅仅是指学校里所开设的一些正式的课程，还可以有课外兴趣小组，学校外的辅导班和各种各样的艺体培训班等。

学习资源相对于我们来说是被动的，它不会自己找到我们，而是需要我们发挥主动性去开发和利用。作为一个中学生，在课堂上听老师讲课只是我们学习的一部分，关键在于课后自己的进一步探求。现代社会是信息社会，如果我们不去学习和锻炼处理信息的能力，那么就难以驾驭信息时代的学习工具和学习资源。如"信息"、"信息资源"、"信息高速公路"等用语越来越多地出现在学习领域，我们更要注意自己的主动学习过程。只有把外部刺激转化为对自身认识结构的改变时，才能获得能力的提高。

下面来看看如何主动地去开发利用学习资源。先看一个会学习的中学生的例子。

志刚是初二的学生，学习起来非常积极，有活力。上课时他会集中注意力听老师讲课，并且经常思考问题；下课后找到老师把当天没弄懂的问题弄个明白。因为他知道，问题不能存着，否则会因理解不透彻而影响以后的学习，只有及时地解决，才能不断地迎接更困难的问题。

课后，他会和同学组成学习小组展开讨论，大家交流自己的学习经验和方法，一起讨论解决难题。在这种小组合作的过程中，大家既互相帮助，扩充了自己的学习资源，在学习中一起进步，同时也增进了友谊，成为亲密无间的好朋友。

志刚从来不把自己的学习范围局限在学校里和课本上，他经常会买一些科普性的报纸杂志，增加自己的阅读量，拓宽自己的知识面。有一次学校举办自然科学知识大赛，志刚凭着自己积累的自然科学知识获得了一等奖，进而激励了他继续努力的信心。

志刚在家里的时候，还会上网查一些学习资料，比如说英语的听力资料，也会在网上订购一些自己喜欢的学习软件，这些资料都是对自己的学习很有帮助的。通过网络的方式，既方便快捷，又可以省下很多逛书店和讨价的时间，提高了效率。

志刚甚至把爸爸妈妈也当做是自己的学习资源，经常会和爸爸探讨有关历史的问题，和妈妈争论英文的语法和句子结构。在这些探讨和争论中，志刚得到了很多启发，并"偷偷"地把爸爸妈妈的知识放到了自己的头脑中，学习资源进一步丰富了。

志刚也和同龄人一样爱玩，但是却一点也没有影响到自己的学习。因为即使是玩，他也在动脑子，从玩中获取知识。电脑游戏是他的最爱，他觉得能够从中锻炼自己的智能，比如说如何布局，如何作决定来使自己获胜，这些过程都能够开发自己的脑细胞。而且，很多游戏都是历史上比较有名的战争，像第二次世界大战。在这些战争游戏中，志刚学到了"知己知彼，百战不殆"的思想，并且加深了对历史知识的把握，而不像很多其他同学那样，沉溺于打打杀杀之中无法自拔。

即使是假期和爸爸妈妈出去旅游，志刚也不放过学习的机会。每到一个历史景点都会仔细听导游的讲解，然后拍照留念，既可以作为旅游纪念，也用来当做学习的照片资料。而且每到一个地方旅游，他都购买当地的地图。因为他觉得学会看地图，是对自己是否成熟的一个重要考验。只要学会了看地图，以后自己就可以独立地出游，而不用总是跟在爸爸、妈妈后面。他在学习科学知识的同时，也在学习如何早日独立，这对一个中学生来说是难能可贵的。

从志刚的故事中，我们可以看到，现代社会环境下的学习不能是单一地、死板地啃书本了，而是要求我们进行资源性的学习。也许有的同学还存在这样的疑惑：为什么我上课认真听讲了，课本上的东西也能够完全理解，可是每次考试测验成绩就是不理想呢？这里有很大的一个原因就是有可能你没有开发其他的学习资源。因为，现在的考试越来越多的是要考查我们的综合素质和广阔的知识面，仅仅把课本上的条条框框背下来去应付考试是远远不够的，也就是说你没有进行资源性的学习。

具体来讲，这种资源性的学习是指我们通过对各种各样不同的学习资源的开发和利用，来完成课程目标和信息文化目标的学习，也就是一种自我更新知识和扩展知识的学习。就像上面提到的志刚那样的学习，充分利用了每一种可以利用的学习资源，并且走到哪，学到哪，不断地扩大自己的知识面，而不是点到为止，把知识局限在很窄的面上。

资源性学习有两个基本特点，那就是灵活性和自主性，同时这也是我们创造性思维发展的两个关键因素。它的灵活性主要体现在学习的过程中，针对同一个问题，我们可以根据自己的学习风格、兴趣爱好、能力水平进行灵活地调节，选择自己认为有价值的材料，选择自己喜欢的方式来解决问题。自主性体现在学习过程中我们可以主动控制学习过程和学习步调。通过对学习资源中相关信息材料的查找、使用，从而培养自己的信息文化技能，即识别、搜索、加工、处理、利用、评价信息的能力。

与传统学习方式相比，资源性的学习具有很多优势。首先，资源性的学习是以我们学习者为中心的学习。只有主动学习，如进行小组交流、社会调查、讨论评价，才能完成各种学习任务，解决问题；而通过资源性的学习我们在学校和课堂形成一种积极主动的学习文化氛围。其次，资源性的学习有助于培养我们的自学能力和创造性思维：在资源性的学习中，我们可以学会发现、分析、应用、转化、评价信息，进而能够获得进行独立学习、终身学习所必需的技能，学会如何学习，这是学好知识的根本途径。第三，资源性的学习有助于培养我们学习的个性化：在这样的学习过程中，我们每个人可以有着自己的学习风格，学习时间灵活，学习方式多样，可以发挥每一个人的特长，对良好个性的形成有很大的促进作用。

下面我们以开发家庭语文资源为例来进一步说明资源性学习的丰富多样性。

家庭是我们学习资源中可开发的一个重要方面。我们要学会开发和利用家庭语文学习资源，因为在提倡素质教育的今天，要全面提高我们的语文素养，特别要依靠家庭。开发家庭语文学习资源，既可以有效地拓宽我们的知识面，使我们学到在课堂上学不到的知识。同时能充分发挥我们的自主性，培养我们的创造性，从而全面提高我们的语文素养。

家庭是我们学习语文的最佳空间，虽然家庭中的语文学习资源种类繁多，但主要可归纳为以下三类。

①成员资源。我们的父母和兄弟姐妹等，他们的思想观念、见闻经历、知识技能、言谈举止和兴趣爱好等，对我们会产生直接的影响。我们家庭的人文环境和成员的语文素养，对我们的语文学习更具有重要的影响。

②媒体资源。收录机、电视机、电脑和报纸杂志等这些媒体资源对激发我们的学习兴趣具有很大的作用。

③活动资源。最有代表性的是家庭旅游活动。我们在欣赏优美的景色、领略异地的风光之中，既培养了观察能力，又培养了对大自然和中华传统文化的热爱，还能学到不少知识，进一步锻炼了语言表达和社会交际能力，这样就能弥补我们在课堂学习或网上学习中的纯文字或图片的不足。

究竟如何来开发和利用这一丰富的学习资源呢？

一是互动交流式。在我们、父母和老师之间进行三方互动，可以突破老师教我们听、我们做教师改的传统学习模式，打破老师一言定论的常规评价方式，给我们以更开阔的视野和更多的乐趣。我们可以通过剪报共读、作文互动、文化讲座及推介好书等形式，寓学于乐，拓宽自己的知识面。

二是文化旅游式。主要是指我们和父母一起，通过旅游开阔视野，启迪思维，以提高语文素养。比如，我们可以写旅游日记，或即景抒发思古之幽情，或缘事萌生哲理性感悟，或从山川美景中触摸传统文化的底蕴；可以了解某种特殊地形的成因和奥妙，或从某个名人故居中了解其生活、思想变化的轨迹和心境等；也可以通过观察了解当地的产品和风俗时尚；还可以为景点开发提一'些金点子，或撰写介绍性说明文等。

三是创新表演式。对课本上的一些小说和戏剧作品的学习，可以充分发挥同学们的热情和才干，进行课本剧表演。如根据契诃夫的小说《装在套子里的人》来表演课本剧，我们可选择别里科夫和华连卡的恋爱故事作为主要情节，在故事情节的展开过程中表现人物套子式的性格特点。这种对课本进行二次创作的表演方式，可以充分发挥我们的审美主动性，培养我们的创造性思维能力。在课本剧、生活话剧、小品的排演过程中，我们可以要求家长一起参与，或出点子，或提意见，或参与角色，让父母和我们在思维方式、审美意识等方面进行碰撞和磨合，从而使我们学会多角度、多层面地审视事物。

四是网页平台式。现在一般家庭都配有电脑，利用这一家庭学习资源让一些对电脑感兴趣并掌握网页制作技能的同学制作网页，建立交流平台。如班级网页、文学网站等。建立自己班级的网页，就创造了一个比学校课堂更广阔的空间。在这个空间里，可以设置一些栏目。让同学们在栏目上发表作文，或发布研究活动成果，或讨论热点问题等等；也可以创建家长、老师和学生共同的交流平台，形成三方互动。因为网页方式比较生动直观，而且具有可更新的特点，所以很容易吸引学生和家长共同参与。

五是专题研究式。我们中学生进行语文学习方面的专题研究，更多的工夫是在课外。除了实地研究、去图书馆查阅资料外，利用网络、藏书等家庭资源，争取家庭成员的帮助，也是一条很重要的途径。进行专题式的研究性学习活动，可以给学有余力和有特殊爱好的同学以自由发展的空间，让我们在语文学习上找到一个兴趣点或切入点，从而在自主探究式学习中提高分析问题、解决问题的能力。

同学们，看到了吧，资源性的学习是多么的丰富多彩。我们在平时的学习过程中，要做一个有心人，注意开发和利用身边有效的学习资源。只要带着一颗好学的心去进行各种活动，我们会发现，学习原来是那么的有趣。

第七篇

展现出你的微笑

——培养落落大方、彬彬有礼的习惯

良好社交需要把握分寸

好印象带来好开端

一个人的"第一印象"是非常重要的，不管是别人对你，还是你对别人，这都是一样的。

美国心理学家罗纳勃博士在他的《交往：重要的四分钟》一书中写道："当你在社交场合第一次遇到某人，前四分钟必须绝对认真对待，这样做对许多人的一生都有益处。"

那么，怎样才能给人留下很好的第一印象呢？

要创造良好的第一印象，首先要注意服装及仪表。一个蓬头垢面、衣衫不整的人站在你的面前，一定会让人讨厌的，这里所要求的服装并不一定是要时髦赶潮流的，最要紧的是大方得体、干净整洁、让人感觉舒服；相反如果你的服装"标新立异"，那只能使你脱离人群，是不会有人愿意接近的。

当你被介绍给别人时，应努力表现出友好及可信，正如："人们喜欢那些喜欢他们自己的人。"然而，不应让别人认为你太自信。最重要的是你要有同情心，关心和体贴他人，注意对方的兴趣爱好，考虑其所需、顾虑和期望。

了解了以上的观点，有人可能会说："我的性格决定我表现不出友好和可信，我会被认为不诚实。"为了使他们养成好的交际习惯，罗纳勃博士打了个比方说："你通常喜欢用新车，虽然开始并不熟悉它，但总觉得新车比旧车好用。"当你对某人印象确实不好时，装出友好和可信才是不诚实的，但罗纳勃博士认为"完全的诚实"不都适合社交，特别是在初次接触的前几分钟内。在初次接触的前几分钟内应该尽可能给对方留下良好的印象，这时不要抱怨自己的身体如何，不要讲别人的坏话，也不一定完全讲实话，随便发表一些自己的见解及对他人的看法便可。

怎样使别人喜欢你，使你更容易受到欢迎，更容易交到朋友？世界第二大畅销书《人性的弱点》的作者、成功学大师戴尔·卡耐基运用心理学知识，针对人类共同的心理特点，提出了使你成为大众宠儿的几种方法。任何人都喜欢那些欣赏和关心他们的人，因此，最有效的交际窍门是对别人真心实意地感兴趣。要努力学会为别人提供服务，不惜花费时间、精力，诚心诚意地为别人设想和做事情，这样才能获得真正的朋友。

请记住，和你谈话的人，对他们自己的需求和自己的问题，要比对你的需求和问题感兴趣千百倍。当你跟人家谈话时请不要忘了这一点：做一个好的听众，鼓励别人谈他们自己。不幸的是，生活当中大多数的人并不懂得如何听别人讲话，相反的总是争着抢着说话，让别人做听众。如当别人向你请求帮忙的时候，你总是说得"头头是道，津津有味"，以为自己可以给他们提供解决问题的切实可行的建议，殊不知很多时候对方需要的是你沉默和聆听，你需要给予的是耐心、宽容和爱护。聆听是表示关怀的一种方式，虽然有时勉为其难，但对方可以增进对你的信任感，用心交淡，与你建立友谊和发展关系。对于涉世不深的青少年朋友来说，聆听有时是获得经验和知识的重要途径之一。谁不希望别人对自己最喜欢的事物感兴趣呢？最高明的打动人心的办法是跟对方谈论他们最珍视的事物。

在脸部表情这一动态体语中，微笑是最重要的一种表情语言。微笑具有强化有声语言沟通功能，增强交际效果，改善形象，拉近距离等多方面微妙、奇特的作用。

❈ 习惯点滴 ❈

一个人的印象是通过他的形象来表现的，具体地说就是一个人的言谈举止，音容笑貌。在人际交往过程中，一个人的第一印象往往会给对方留下很深的印象。如果你在第一次交往中给别人留下了一个好印象，别人就乐于跟你进行第二次的交往，相反，以后的交往会很难进行。

首先，微笑能给对方良好的第一印象。著名的美国旅馆大王希尔顿在一次新旅馆营业员工大会上问大家："现在我们旅馆新添了第一流的设备，你们觉得还应该配上哪些第一流的东西，才能使顾客更喜欢希尔顿旅馆呢？"员工们纷纷提出自己的意见，但希尔顿并不满意，他说："你们想想，如果旅馆只有第一流的设备，而没有第一流服务员的微笑，顾客会认为我们提供了他们最喜欢的全部东西吗？如果缺少服务员美好的微笑，能使我们的上帝有回家的感觉吗。"

稍停片刻，希尔顿又接着说："我宁愿走进一家设备简陋而到处充满服务员微笑的旅馆，也不愿去一家装饰富丽堂皇但不见微笑的旅馆。"正是这微笑，让希尔顿旅馆赢得了不少顾客，给希尔顿带来了信誉和成功。

对一些大商场来说，服务员的仪表态度，就是这些商店给人的第一印象，对个人来说，第一印象就是你的第一张"名片"，你在陌生人中的首次表现就是介绍你自己的活生生的"名片"，因此，好好的运用你自己的这张"名片"吧，它比任何费劲心思的行动都重要。

交往中的黄金法则

尊重是基础

人都有满足物质生活的需要，但更有得到尊敬的期望。尤其在现代社会，由于生产力水平的提高，在物质生活的需要得到基本满足之后，受尊重——这个更高层次的需要越来越得到人们的重视。人都有自尊心，在社交活动中，都希望得到他人的尊重，而且对尊重自己的人有一种天然的亲和力和认同感。

尊重他人，包括尊重他人的人格、能力、爱好、兴趣等一系列要素。尊重别人是沟通和建立人际网络的基石。

平等为前提

心理学研究表明：人都有友爱和受人尊敬的需要，只要是正常人，都希望得到别人的平等对待。要尊重对方的人格，这是平等的前提。那种以势压人、盛气凌人、"看人下菜碟"甚至污辱人的做法，都是有悖于平等原则的。与人交往，只有以平等的姿态出现，不盛气凌人，不高人一等，给别人以充分的尊敬，才能形成人与人之间的心理相容，产生愉悦、满足的心境，出现和谐和长久的人际关系。

据说，英国著名戏剧家、诺贝尔文学奖获得者萧伯纳在一次访问苏联的时候，漫步在莫斯科街头，见到一位聪明伶俐的苏联小女孩，便与她玩了很长时间。分手时，萧伯纳对小姑娘说："回去告诉你妈妈，今天同你玩的是世界有名的萧伯纳。"小姑娘望了萧伯纳一眼，学着大人的口气说："回去告诉你妈妈，今天同你玩的是苏联小姑娘安妮娜。"这使萧伯纳大吃一惊，立刻意识到自己太傲慢了。以后他经常想起这件事，并感慨万分地说："一个人无论有多大成就，对任何人都应该平等相待。要永远谦虚，这就是苏联小姑娘给我的教训，我一辈子也忘不了她！"由此可见，在交际中坚持平等原则的重要。

宽容为原则

孔子说："宽则得众。"宽容忍让是为人处世的较高境界。在现实生活中，每个人由于其家庭环境、教育、经历、社交环境等不同，形成了每个人独具特色的鲜明个性。

在社交活动中，每个人所要求达到的具体利益会有所不同，"萝卜白菜，各有所爱"，如果完全让对方服从你的观念和要求，完全地和你"心往一处想，劲儿往一处使"，势必会引起对方的反感，产生对抗情绪，影响彼此间的友谊。因此，宽容原则是我们必须遵守的。

要做到宽容待人，首先要能够将心比心，理解他人，体谅他人，不求全责备，不要求对方十全十美，而是能取其一点，不及其余，和睦相处。生活中，你不能要求别人处处和你投脾气，你也不能和每个人建立全方位的交往。因此，多了解对方的兴趣爱好，发展某一方面的交情，这是我们现代人应树立的社交态度。

多站在对方的角度考虑问题，是宽容原则的极好体现。正如美国汽车大王亨利·福特所说："如果成功有什么秘诀的话，那就是站在对方的立场上考虑问题。"

宽以待人还应体现在别人误解了你，甚至用过激的言论对待你时。一般的人在不是自己的利益上容易宽容，但放到自己身上，尤其是别人向自己反映不同意见，做出伤害自己的事情时，出于自我保护，不容易忍让。其实，正所谓"退一步海阔天空"，有理也要让人。历史上，汉武帝不计私怨终成大事，唐太宗摒弃前嫌重用冯立，等等，都体现出宽容的一面。

宽以待人则要严于律己。人缘好的人，几乎都具有对己严、对人宽的品质。与人打交道时不苛求别人，以礼相待，遵守诺言，谦虚坦诚，遇事首先从自己身上查找原因。这样的人，易于博得他人的爱戴和敬重。

热情与鼓励

给予别人热情，其实就是给予别人支持和鼓励，能大大增强对方的自我肯定。将心比心，别人会倍感尊重，从而增强对你的好感，树立良好的人际关系。相反，如果你对人表现的很冷淡，会让人有种拒人千里之外的感觉，不利于建立好的社交关系。

交往要掌握分寸

在复杂的人际关系中，稍有不慎，就可能在无意之间伤害或得罪了人。因此，在复杂的社会交往中，如果能够把握尺度，在解决问题的时候，给自己留条退路，往往会有意想不到的效果。

现实生活中，与人交往的方方面面都应该把握好分寸。

当有苦恼的时候，向朋友说说心里话，听听朋友的建议，遇到难题时，同朋友商量一下，找出解决的办法；经济上困难时，请有能力的朋友施以援手，

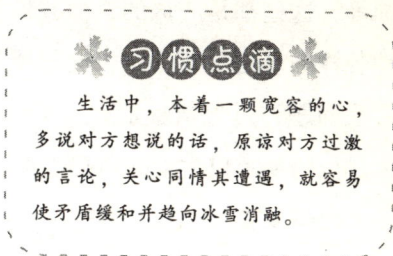

等等，这些都是应该的；但我们不能忘记，朋友也有自己的事情要做，也有各种各样的难题要解决，也会需要别人的帮助和体谅。如果只是站在自己的角度考虑问题，过分依赖别人，不把握好与人交往的分寸，这样朋友就会远离你，你过分的要求成为他的负担，他会不堪重荷，远离你的。

遇事要留有余地，就不会把事情做绝。于情不偏激，于理不过头，在追求成功的路上就会进退自如。

凡事总会有意外，留有余地，便不会因为"意外"的出现而下不了台，做事留有余地从而可以从容转身。

留余地不是说将问题放下不加以解决，而是要将问题暂时搁置起来。这其实是解决问题的一种方法。当我们看到事情在现阶段很难解决，大家争执不休，这时我们放它一段时间，寻找解决问题的最佳时机。当看到时机成熟时，抓住机会加以解决，这样才会有一个圆满的结局。因此，留余地并不是放弃，而是在留下余地的同时寻找最佳的机会，这才是留余地的目的。

有涵养的人，他们胸怀宽广，待人诚恳，其修养使得他们知道在什么时候做出退让，以退为进，留余地其实就是要更加圆满的解决问题。而那些无高深修养的人，常常为自己的私利而苦苦钻营，不愿做出一点点的让步，不知道自己在做出退让的时候，其实是迈进了一大步。当然，留余地不是一时半会就能做到的，看到问题的余地也需要长时间的磨练，找到余地，也是需要长期的观察和摸索的，是要付出努力的。

做事方面：对于别人的请托可以答应接受，但不要"保证"，应代以"我尽量、我试试看"的字眼；上级交办的事当然接受，但不要说"保证没问题"，应代以"应该没问题，我全力以赴"的字眼；这是为万一自己做不到留后路，而这样回答事实上又无损你的诚意，反而更显示出你的审慎，别人会

因此更信赖你，即使事没有做好，也不会怪罪你。

做人方面：不要与人交恶，不要口出恶言，更不要说出"誓不两立"之类的话，不管谁对谁错，最好是闭口不言，以便他日如携手合作时还有"面子"；对人不要过早地下评断，如：这个人完蛋了，这个人没什么出息了之类的话。事事无常，人生漫漫，正所谓"十年河东，十年河西"，谁也不知道自己明天的定位。

做事情要这样，做人更要这样，解决人际关系时也要充分利用余地。人类社会充满了各种各样的矛盾，有时候这些矛盾会激化，让我们和别人发生冲突。这时当你看到大家各持己见，争执不下，事情难以解决，便主动的让一步，退避一时，等大家冷静下来时再去解决，然后你就会发现你们之间的矛盾并不是那么深，有时就是为了面子，为了一口气。在这时，留余地就是解决问题的最佳方案。人和人之间是没有什么解决不了的矛盾的，时间会让一切烟消云散。正所谓"时间可以冲淡一切"。

平易近人的毛泽东

毛泽东的平易近人，每个跟他见过面的普通战士都深有同感。在长征时期的一次行军途中，毛泽东跟队伍中的战士们说说笑笑。那时候，大多数战士都没见过毛泽东，因此对这个说话风趣，衣衫不整的大个子都没距离感，以为他是部队的后勤人员。所以有个战士就对毛泽东说，你看我们都背着枪，就你没背，帮我背一会儿吧，我太累了。毛泽东微笑着答应了。继续跟战士们一边笑谈，一边赶路。没想到别的战士见毛泽东这么好说话，都跑过来把枪交给这名"勤务人员"。这下，毛泽东肩上立刻挎上了三四条枪。他依然谈笑自如。一天的行军结束了。

第二天，行军一开始，有五六名战士就跑到毛泽东面前，要他帮忙扛枪！

假如你是毛泽东，你会怎么办？是亮出身份把那几名战士臭训一顿？还是

习惯点滴

毛泽东的批评，他完全没有借用自己的特殊身份，而只是以普通人的口吻间接指出对方的"得寸进尺"。这么做不仅使对方主动认识到了自己行为的不妥，而且更使他们对毛泽东的雅量心生敬意。

暗压怒火找到他们连长责令严加管教？

统统不是，他只是微笑着说了一句话，就让那几名战士收回了他们的过分要求。毛泽东是这么说的："昨天背着枪走了一整天，我也很累呀，况且，你们连长已经给我放了一天假，你们的枪是不是应该自己背呀。"

在我们看来，那几个战士没完没了让他背枪，毛泽东本可以大发雷霆，对他们严加斥责，而且这样做也合乎情理。可是，这样做势必很难让对方心服口服，他们会觉得是因为毛泽东的身份，自己才不得不认错。也就是说，义正词严的批评并不能让他们从根本上认识错误。

微笑是人际交往的最强音

微笑是两个人之间最短的距离

有句谚语说得好："微笑是两个人之间最短的距离。人际交往中离不开笑，一个没有笑的世界简直就是一个人间地狱。"

我们无法完全改变自己的容貌，但是，我们可以选择用微笑来装点自己，因为微笑就是一种最容易为人所接受的礼物。

其实，微笑最简单不过了，动一动脸部的肌肉就行了，但它却有着不可估量的价值。明白了这一点，你就不会对为什么国外某些大百货商店宁可雇佣一个小学未毕业但有一个可爱的微笑的女职员，而不雇佣一个面孔冷漠的哲学博士等这类事件而惊讶不已。

有一则故事，林肯总统的顾问向林肯推荐了一位内阁候选人，林肯总统见过这个人以后拒绝了。问及理由时，林肯答道："我不喜欢此人的脸。""但这可怜的人对自己的长相是不能负责的啊。"顾问坚持道。林肯说道："每个40岁开外的人，都应该对自己的脸负责。"于是，这项提议被弃置一边了。

这似乎非常不合情理，难道一个人的脸长得不合总统的胃口就不能为国家做事情吗？林肯当然不是这个意思，他说的话不妨作这样的解释：在世上生活了40年的人，应该有许许多多东西在他脸上反映出来——他的欢乐、悲哀、失误，还有生活中经历的风雨、痛苦、孤独和失望的感情，还有战胜困难的意志。这些都能够通过人的容貌展现出来。

古代的中国人，真是聪明绝顶——对世界上的事物看得很透彻，他们有一则格言，我们都应该把它别在帽子里。格言这样说："一个没有微笑面孔的人，不能做生意（和气生财）。"

你的笑容就是你的好意的信使，你的笑容能照亮所有看到它的人。对那些整天都看到皱眉头、愁容满面、视若无睹的人来说，你的笑容就像穿过乌云的太阳，尤其对那些受到上司、客户、老师、父母或子女的压力的人，一个笑容能帮助她们了解一切都是有希望的，也就是世界是有欢乐的。

说到做生意，佛兰克·尔文·弗莱奇，在他为欧本·海默和卡林公司制作的一则广告中，为我们提供了一点实用的哲学。这是对微笑的赞美：

微笑在圣诞节的价值在于，它不花什么，但创造了很多成果。

它丰盛了那些接受的人，而又不会使那些给予的人贫瘠。

它产生在一刹那之间，但有时给人一种永远的记忆。

没有人富得不需要它，也没有人穷得不会因为它而富裕起来。

它在家中创造了快乐，在商业界建立了好感，而且是朋友间的口令。

它是疲倦者的休息，沮丧者的白天，悲伤者的阳光，又是大自然的最佳良药。

但它却无处可买，无处可求，无处可借，无处可偷，因为在你把它给予别人之前，没有什么实用的价值。

而假如在圣诞节最后一分钟的匆忙购物中，我们的店员累得无法给你一个微笑时，我们能请你留下一个微笑吗？

因为不能给予微笑的人，最需要微笑了！因此，如果你要别人喜欢你的微笑，那就先展现你的笑容吧。

微笑是人际沟通的通行证。微笑能给人以温暖，令人愉悦和舒畅。人们如夸赞某家商场服务态度好，能热情为顾客服务，这时，在人们的脑海里，定会映出服务员真挚、热情的笑脸，这美好的形象会让顾客难以忘怀。于是，这便带来了许许多多顾客的光临。

其次，微笑能打破僵局，解除人的心理戒备。人际交往的障碍之一就是戒备心理，尤其在一些重要的交际场合，人们的心理防线就筑得更加牢固，生怕由于出言不慎带来麻烦。有的人甚至是一言不发，有的人尽量少说话，这样，沟通就出现了障碍，很多交际场合出现了僵局。在这种情况下，微笑可以作为主动交往的敲门砖，拆去对方的心理防线，使之对自己产生信任和好感，随之进入交往状态。另外，上级在做下级思想工作时，多数下级都抱着一种戒备心理，防备上级，甚至产生一种抵触情绪。这时，上级就不能板着脸训斥下级，而是要面带微笑，鼓励下级把心里话说出来，这样才能彼此沟通，达到思想教育的目的。发自内心的真诚的微笑是一个人人格、品德的最好证明，常常能在瞬间起到消除戒备和成见的作用。

再次，微笑可以表示对他人的尊重和友好。每个人在交往中都希望能受到尊重，能被对方友好地对待，而这种友善的态度，除了通过交往双方的话语表达出来之外，那就是挂在双方脸上真诚的微笑了。不管是初次相见的人，还是彼此熟悉的人，都想从对方脸上看到这种表情。所以，国家领导人接见外宾时为表达对外宾的尊重和友好，要面带微笑；公司、企业的公关人员面对各方公众时，酒店、旅馆的服务员在接待顾客时，上下班的路上熟人相见时，微笑都表示出了对对方的尊重和友好。这种微笑能使对方的自尊心得到极大的满足，相反，表情冷漠，传递给对方的是不尊重、不友好的信息，即使勉强交谈下去，气氛也是沉闷压抑的，难以取得满意的效果。

最后，微笑能表示对他人赞许、谅解、理解等态度。如：在交谈过程中，用微笑、点头的方式，表示对对方意见的赞许；误

＊习惯点滴＊

一个善于通过目光和笑容表达美好感情的人，可以使自己富于魅力，也会给他人以更多的美感。人际交往中多一些尊重，多一些宽容和理解的表情，会让自己显得更美和更有风度。微笑像温暖的阳光，微笑像和煦的春风，微笑是促进你社交成功的必要手段。

解消除，对方道歉，你报之一笑表示谅解；面对顾客怒气冲冲的投诉，服务员一直面带微笑认真倾听，以示对他心情的理解等。在许多情况下，微笑的作用确实是用千言万语也无法取代的，如上述顾客投诉，工作人员冷脸相对，甚至指责、争吵，后果可想而知，而微笑却如一缕春风，化解了商家的矛盾，也沟通了彼此之间的感情。

微笑看似简单，但要把握到恰到火候也不是轻而易举可以达到的。经常出现的毛病是：笑过了头，嘴咧得太大，给人一种傻乎乎的感觉；或者是皮笑肉不笑，看上去让人觉得不舒服。要解决这些问题，纠正这些毛病，首要的是解决基本态度的问题。当代心理学根据最新研究成果已经找到了真笑和假笑的区别。如果你在交谈中能够以完全平等的态度对待对方，尊重对方的感情、人格和自尊心，那么你的微笑就是真诚的、美丽的，就具有强大的凝聚力和感染力。否则，你的微笑就是虚假的、丑陋的，你所能得到的也只能是逆反心理和离心力。

总之，只要你会运用微笑，真正的把上帝赋予人类的一项特权展示出来，不仅有助于缩短人与人之间的距离，同时也为你做人做事打开了通畅的大门。

良好的态度润滑生锈的关系

如果说人的社会关系是一部机器，那么良好的态度就是使这部机器不生锈的润滑油。

诚实与自信可以说是每一个渴望成功的年轻人都必须具备的重要条件，但是要获得成功，还需要一项必不可少的资本，那就是保持良好的态度。

与人会面时给人留下美好的第一印象，态度的重要性可想而知。一个粗俗不堪或态度恶劣的人，一定会给人留下不好的第一印象，令人产生讨厌的心理，结果自然不能赢得他人的信任与合作，处处碰壁。而一个态度谦逊、和蔼亲切的人，即便长相一般，甚至身有残疾，仍然能比那些英俊潇洒、身强体壮，但态度粗鲁的人更容易受到人们的喜欢。

世界上有太多的人，虽然他们没有非常惊人的才能，却靠着他们良好的态度，做到了处事顺利、事业有成，著名金融家乔治·皮博迪先生就是这样的一个人。

✳习惯点滴✳

如果说人的社会关系是一部机器，那么良好的态度就是使这部机器不生锈的润滑油。当缺乏润滑油时，那部机器中一定会发出嘈杂的噪音，令人唯恐躲避不及。

在乔治·皮博迪还在一家商店做小职员的时候，有一次，一位老妇人来买东西，恰巧在皮博迪先生供职的店里她所需的东西没有。皮博迪先生态度和蔼地向老妇人道歉，然后特地领着她到别的店去，帮她买到所需的东西。这件事使那位老妇人感激了一生，到临死以前，老妇人还在遗嘱中列出了一个条款："对皮博迪先生这种以礼待人的行为要给予相当的报答。"

还有一个人年轻时非常的穷困，后来他勉强备齐了一笔小资本，在乡村开了一家杂货店。商店开张以后，他对所有上门的顾客都和蔼亲切、彬彬有礼，并且对他们的事都表示关心和兴趣。他热心地去做一切可以为顾客带来便利的事，后来他的商店名声鹊起，连离他商店较远的人也上门光顾。正是因为这个原因，他的经营规模也不断迅速扩大，如今他已在附近地区设立了很多连锁店。

可以说，那些经营规模很大的商店之所以能够生意红火，就是因为他们选用了态度和蔼、令人愉悦的店员，从而使自己商店的声誉不断上升。我也见过几家生意本来不错的商店，就因为辞退了一些态度可亲、品格优秀的店员，从而生意也很快衰落，如今已是门面冷清了。

法国巴黎著名的藩马齐公司之所以生意兴隆，就是因为公司的经理非常注意店员的态度。纽约也有两家类似的百货公司，都是因为店员服务态度良好而闻名。

一个商店要想生意兴隆，店主就必须选用态度和蔼的好店员。一个善于经营的店主一定会非常重视店中所有工作人员礼貌态度的培养。他首先会从自己做起，比如和颜悦色地对待所有的下属，重视每个职员在工作上的努力，关心员工的生活等等。用这种方法和态度来管理店员，要比严格苛求的管理方法和态度来得更加高明，而且好态度具有传染性，店主这种和善的行为不久就会影响到店员的态度。久而久之，大家都知道你是一位和善体贴的店主了。

每一个商店的老板都希望自己的员工能够吸引顾客，使他的生意日渐兴隆，但却不应鼓励员工用强迫的方式，去销售你的东西。我们应该懂得：跨进我们店门的任何一位顾客都是一位新的客人，必须和气地对待他，至于买不买东西那是他的权利，我们是没有权力加以干涉的。我们所应尽到的职责，就是代表商店亲切和蔼、彬彬有礼地招待客人。

有太多的人因缺乏良好的教养，在待人接物上养成了自大、蛮横、粗鲁、生硬的态度。这种人如还没有自知之明，不加以改变，前途必定是一片灰暗，做起事来也肯定不会顺利，就更谈不上有什么大的作为了。

如果一个人能从小就受到关于"为人态度"的教育，那么长大成人以后他自然就会拥有良好的态度。由于优秀的品格和好的态度，这种人将来一定容易成功，而在他成就大业的道路上，他那良好的态度也将成为他的最大资本。一个态度和善可亲、学识渊博的人，与那些坐拥财富却不得人心、脾气乖戾的人相比，真是有天壤之别。

等到我们社会上每个人都受过良好态度的教育以后，我们置身于那时的社会，不知道会增添多少快乐。到那时，无论我们走到哪里、遇见谁，都会感到我们的社会充满了愉快、亲切、和谐的气氛。

要想有良好的人际关系，你必须记住这个原则：

"用好的态度与人交往，远离自大、粗蛮。"

学会谦让，落下好人缘

美国驻法国大使富兰克林是当时巴黎最受欢迎的人士。后来他返回了美国，由杰弗逊接替他的职务。法国的沃格涅斯伯爵向杰斐逊表示祝贺，他说："听说由你取代了富兰克林?"

杰弗逊这位在欧洲所有宫廷都赢得人们尊敬的美国人,自然措辞非常得体地回答道:"我只是接替他的职务,取代他,没有任何人可以做到。"

德国人有一句俗话:"最纯粹的快乐,是我们从别人的困境中所得到的快乐。"是的,你的有些朋友,恐怕从你的困境中比从你的胜利中得到的满意更多。所以不要时时向他人夸大自己的成就,我们要谦逊,这样永远能使人喜欢。我们应当谦逊,因为你我都没有什么了不得的。你我都要逝去,过百年之后完全被人遗忘。生命过于短促,不要总是谈论我们小小的成就,使人厌烦;反之,我们要鼓励他人说话。所以,如果你要使人信服你,就应该记住让对方多说话,努力让别人表现得比你更优越。

安德鲁·卡耐基是美国的钢铁大王,他白手起家,既无资本,又没有钢铁专业知识和技术,却成为举世闻名的钢铁巨子,这当中充满着神奇的色彩,使许多人迷惑不解。有一位记者好不容易才令卡耐基接受采访,他迫不及待地劈头问:"您的钢铁事业成就是公认的,您一定是世界上最伟大的炼钢专家吧?"

卡耐基哈哈大笑地回答:"记者先生,您错了,炼钢学识比我强的,光是我们公司,就有两百多位呢!"

记者诧异道:"那为什么您是钢铁大王?您有什么特殊的本领?"

卡耐基说:"因为我知道如何鼓励他们,使他们能发挥所长为公司效力。"

确实,卡耐基创办的钢铁业是靠其一套有效发挥员工所长的办法取得发展的:卡耐基的钢铁厂因产量上不去,效益甚差。卡耐基果断地以一百万美元年薪,聘请查理·斯瓦伯为其钢铁厂的总裁。斯瓦伯走马上任后,鼓励日夜班工人进行竞赛,这座工厂的生产情况迅速得到改善,产量大大提高,卡耐基也从此逐步走向钢铁大王的宝座了。

可见,卡耐基是十分聪明的。如果他自命是最伟大的炼钢专家,那么,至少会导致一些水平与其不相上下的专家不肯为其效力。即使是斯瓦伯这样的管理专家,也不会被看重使用,而人们也不会如此敬仰卡耐基了。法国哲学家罗西法古说："如果你要得到仇人，就表现得比你的朋友优越吧；如果你要得到朋友，就要让你的朋友表现得比你优越。"

为什么这句话是事实？因为当我们的朋友表现得比我们优越，他们就有了一种重要人物的感觉，但是当我们表现得比他还优越，他们就会产生一种自卑感，造成羡慕和嫉妒。

苏格拉底也在雅典一再地告诫他的门徒："你只知道一件事，就是你一无所知。"

无论你采取什么方式指出别人的错误：一个蔑视的眼神，一种不满的腔调，一个不耐烦的手势，都有可能带来难堪的后果。你以为他会同意你所指出的吗？绝对不会！因为你否定了他的智慧和判断力，打击了他的荣耀和自尊心，同时还伤害了他的感情。他非但不会改变自己的看法，还要进行反击，这时，你即使搬出所有柏拉图或康德的逻辑也无济于事。

有一位年轻的纽约律师，他参加了一个重要案子的辩论；这个案子牵涉到一大笔钱和一项重要的法律规定。在辩论中，一位最高法院的法官问年轻的律师说："海事法追诉期限是六年，对吗？"

律师愣了一下，看看法官，然后率直地说："不。庭长，海事法没有追诉期限。"

这位律师后来说："当时，法庭内立刻静默下来，似乎连气温也降到了冰点。虽然我是对的，他错了，我也如实地指了出来，但他却没有因此而高兴，反而脸色铁青，令人望而生畏。尽管法律站在我这边，但我却铸成了一个大错，居然当众指出一位声望卓著、学识丰富的人的错误。"

这位律师确实犯了一个"比别人正确的错误"。在指出别人错了的时候，为什么不能做得更高明一些呢？因此，我们对于自己的成就要轻描淡写，我们要谦虚，这样的话，永远会受到欢迎。要比别人聪明，但不要告诉人家你比他更聪明。

习惯养成第七课：
怎样拥有好人缘

在某种意义上，好的人缘是定位人生的支撑点，如果你有好的人缘，你就可以得到别人的帮助与拥护，拥有这些，就会为你实现自己的理想起到推动作用。

那么，怎么才能有个"好人缘"呢？

要有容人之量

大明寺内有一尊笑容可掬的弥勒佛，佛像旁有一副对联——大肚能容，容天下难容之事；笑口常开，笑世间可笑之人。这副对联很耐人寻味。

人生在世，不如意事常八九。人事纠葛，牵丝攀藤，盘根错节；世态炎凉，甜酸苦辣，举不胜举。人际关系中，有时发生矛盾，心存芥蒂，产生隔阂，个中情结，剪不断，理还乱，那么，应当如何处理这些问题呢？

一种方法是"冤家路窄"，小肚鸡肠，耿耿于怀；另一种方法，则是冤仇宜解不宜结，相逢一笑泯恩仇。毫无疑问，后一种态度是值得提倡的。

做人要厚道

在处理人际关系时，不能待人苛刻、要小心眼、"睚眦之怨必报"。别人有了成功，不能眼红，不能嫉妒；别人有了不幸，不能幸灾乐祸、落井下石，更不能给人"穿小鞋"。

为人处世要有人情味

要关心人，爱护人，尊重人，理解人。人与人相处，应当减少"火药味"，增加人情味。

要有急公好义的火热心肠。人都有三灾六难、五痨七伤，人吃五谷杂粮，哪能没有一点病痛。你能在人家最困难的时候善解人意，急人所难，伸出友谊之手，替人家排忧解难，将是功德无量的大好事。

俗话说："积财不如积德。"行善积德，能得高寿。古时老城隍庙有一副对联说得好："做个好人，天知地鉴鬼神钦；行些善事，身正心安梦魂稳。"诚哉斯言！

待人以诚

诚实是人的第一美德。在古代原始人群的部落里，撒谎是要受到最严厉的惩罚的。在处理人际关系时，应该是真心诚意，忠厚老实，心口如一，不藏奸，不耍滑。不要在人生舞台上，披上盔甲，戴上面具去"演戏"；不能像王熙凤那样，"嘴甜心苦、两面三刀，上头笑着，脚下使绊子。明是一盆火，暗是一把刀"，都占全了；也不能像薛宝钗那样"罕言寡语，人谓装愚；安分随时，自云守拙"；对人不能四面讨好，八面玲珑，城府太深，惯用心机。做人要坦诚，更要有一些侠骨柔肠，光明磊落，坦坦荡荡，使人如沐春风，这样才能有个好人缘。

靠近"好人缘"

有时候你可能有过这样的感觉，有些人很有人缘，许多人都很喜欢他。而有些人则是很少有人喜欢他，而且他也不喜欢别人，他的朋友也不多，即人缘儿很差，像个社会嫌弃儿一样。其实这就是我们所常说的"人缘儿"和"嫌弃儿"。"人缘儿"、"嫌弃儿"本是心理学中的术语，是用以表明一个社会成员被其他成员接受的程度，我们把它们用来作为人际关系学的术语，也很能说明问题。

一般而言，大家都比较喜欢"人缘儿"。而受到大家普遍喜爱的原因则是千差万别的：或者是因为他诚实可信，值得信赖；或者是因为他沉稳老练，办事踏实；或者是因为他知识丰富；或者因为他机警灵活，善处人际关系；甚至是因为他有权有势有钱等等。总之，他有某一方面或者许多方面被大多数人认可或接受。

在你选择朋友时，最好能选择"人缘儿"，而且能使"人缘儿"与你之间的关系越密切越好。

如果你要好的朋友中，大多都有好的人缘，那么你的人际关系就具有巨大无比的力量，好的人缘在你有困难时能帮你克服，好的人缘能帮你成功。从结交的"人缘儿"中，你能得到许多启发，学到很多知识。

第八篇

发现生活之美

——培养独立生活，感恩生活的习惯

打开自己独立生活的局面

独立生活是生存的基本能力

独立生活能力是人类生存与发展的基本能力，这种能力不是天生的，要从小加以培养。

鲁迅先生的故事不知被多少人传诵：由于家道的败落和父亲的病情，鲁迅在别的孩子疯玩的年龄，就过早地承担起了家庭的重担，他不仅要学习，还要每天往返于药店与当铺之间，去为生活奔波。即便如此，他还是没有像别的孩子一样偷偷跑去玩，而是自强不息地奋斗。一次，由于上学迟到，老师对他加以批评，鲁迅从此在自己的书桌上刻上了一个"早"字，这不仅仅是对自己的提醒，更是一个人自立、自强的体现。

独立的境界是美妙的，独立的习惯却是需要我们自己去学习和培养的。独立地面对社会、面对自然、面对你自己、面对生活。

孩子小时候培养他们的独立能力，这样的锻炼机会是必要的。如果青少年从小不能养成生活自理的习惯，穿着不整洁、行为邋遢，性格上也必然是散漫的，长大以后是很难有大出息的。

做人要独立，只有如此，才能思想自由，不断探索，才能在将来成就一番事业。

养成独立生活的习惯，这种习惯会在成功的路上助你一臂之力；学会独立生活，拥有了独立的品格，你就拥有了成功者必备的一个条件。

谢军是享誉世界的国际象棋大师，获得过多项世界冠军。她的成就令多少人羡慕，然而您知道吗？她之所以有今天，与父母给她独立生活，自己选择的机会有着密不可分的联系。1982年，谢军12岁，小学快毕业时，是升入重点中学还是学棋，两条路任她选择。谢军和她的家人，似乎都处在十字路口上，需要决定前进的方向。谢军在小学6年中，7个学期被评为三好学生。学校当然要保送她上重点中学。这样品学兼优的孩子，谁见谁爱。国际象棋的黑白格同样牵引着谢军和她的一家人，真是举棋不定。是走妈妈的路，将来进高等学府，还是下棋？谁也拿不定主意。还是妈妈做主，她叫来了女儿，用商量的语气说："谢军，抬起头来，看着妈妈的眼睛。你很喜欢下棋是不是？"这是母亲对女儿选择道路的提问，从某种意义上讲，也是对女儿将来命运的提问。家庭是民主的，对孩子采取了审慎的商量办法，充分尊重女儿的意见和选择。谢军目光坚毅、严肃地看着妈妈的眼睛，坚定地说出7个字："我还是喜欢学棋。"母亲得到女儿的回音后，她同意谢军的选择，同时又极其严肃地对女儿说："好，记住，下棋这条路是你自己选择的。既然你做出了这个重要的选择，今后你就应该负起一个棋手应有的责任。"一个12岁的女孩能懂得和理解这段话吗？也许思维发达和超前的谢军，听懂了妈妈的话，了解了父母的良苦用心。

　　应该承认，和母亲的这段对话，谢军会受益一生的。假如当初没有这段话，或者是父母包办决定女儿的前程，女儿缺乏独立生活、自由选择的机会，也就不会有今天的谢军，中国也不会有今天的国际象棋"女皇"。

　　有相当一部分家庭中出现了忽视培养青少年生活自理能力的倾向，特别是初中生，生活自理能力欠缺比较普遍。这样的青少年往往缺乏劳动观念，甚至厌恶劳动，轻视劳动者，这种现象若不加以改变，必然会影响他们的健康发展。

　　为此，既要有观念的纠正，还要有行动的

付出：

生活要自理。

在孩子进入初中以后，应有计划地培养他们生活自理能力，让他们做些简单的家务劳动。这有利于培养青少年对劳动价值的认识，使他们懂得一切社会物质和精神文明都是劳动的结晶，也有利于培养好的劳动习惯和自立意识，增强抵御轻视以致厌恶劳动、怕脏怕累、贪图享受等坏思想侵蚀的能力。

自己管理自己的生活，获得更多的劳动和实践的机会。在不断的劳动中，一定会遇到矛盾和问题，经过自己动手、动脑，就会越来越心灵手巧。

要懂得别等别人来帮你

不要心安理得地要求别人来为自己做事，就像有的青少年凡事都要依赖父母和老师一样，下面一个古老的寓言能让你及早明白，唯一可以帮助你的人其实是自己。

一个马车夫驾驶一辆载着货物的马车在一条泥泞的小路上前进。

突然之间，马车的轮子深深陷入泥泞里，他的马无法将马车拉起。于是，他站在那儿，无助地看着，并且时时大声呼叫大力士海克力斯，求他助一臂之力。后来，海克力斯出现了，对他说："将你的肩膀放到轮子那儿，并且刺激你的马前进，然后，你才可以向海克力斯求助。如果你自己不肯做丝毫努力，你不能期盼海克力斯或其他人会来帮助你。"

在没有任何外来援助下自己拯救自己获得成功，是最有意义的。它能让人最真实地感受到自我的力量，全力以赴，最大限度地激发出自己身上的潜能，一定能取得令人惊叹的成功。

在美国华盛顿，一座十层楼房因煤气管道突然爆裂引起火灾。情急之下，住在六楼的一位年近八十岁的老妇人把窗帘、床单等撕成条。连结成一条二十多米长的带子，一头绑在窗户上，自己顺着带子滑

✳习惯点滴✳

当你呱呱坠地地来到人间时，可能就已经习惯了父母的呵护，但是你要明白，在这个世界上，没有人会陪你一生一世。因此，每个人都需要学会独立地生活。

了下来，当消防队赶到时，老人已经自救成功了。

事后，人们都不敢相信一个年近八旬的老人怎么会从六楼仅靠一条布带滑下来，这是很多年轻力壮的人都很难办到的。于是有记者请老人再做一次"场景重现"。老人却说："我是学心理学的，当时我可以做到，但现在做不到，如果必须要我去做，请你把楼房重新点燃。"

这个故事告诉我们，一个人应当树立一种敢于自救，不惧困难，在危难面前毫不畏惧的精神。很多人一生难以达到杰出的主要原因往往在于他们缺乏信心，过分依赖。

学会做家务

家务范围很广，包括：扫地、抹桌子、拖地、叠被子、整理房间、烧饭、买菜、洗衣服，等等。

从整理自己的房间开始

有很多人赞同"治国先治家"，我们从小就应该养成把自己的房间整理得干干净净，摆设得整齐有序，说明我们办事时讲求干净、利索、有秩序。连自己的房间都收拾不好的孩子是连最基本的生存能力都没有的，在生活中的事情也是乱七八糟，没个头绪。

一位富翁来到一个岛国旅游。这是他生平第一次见到大海，坐在游船上，他被眼前波涛汹涌的海浪惊呆了。尤其他看到渔民们打上来一网又一网的鱼，更被大海的富饶所震撼了。

他登上了一艘渔船，看着老渔民掌舵时从容不迫的样子，心里十分敬佩。他忍不住问："您每天能打到多少鱼啊？"

老渔民说："现在对我来说打多少鱼已经不十分重要了，因为我的孩子们都已经能自谋生计了，我不必再去赚钱养活他们，只要打到鱼能够维持自己的生活就可以了。"

富翁望着碧蓝的海水，又问："您能告诉我海为什么这样伟大，能养育这么多生灵吗？"

老渔民看了他一眼："你真的想知道吗？"

富翁答道："是的，老人家，我是第一次见到大海。"

老渔民说："海之所以这么伟大，是它拥有最多的水，而拥有的关键在于它的位置最低。"明白了吗？位置最低而拥有最多，因最多的拥有而最为伟大。做事情时又何尝不是如此呢？

古罗马时期的一个大哲学家曾说过："要想达到最高处，就必须从最低处开始。"将这个观点运用到今天，也是十分有益的。

在生活中人们不难看到：一个好高骛远的人常常看不起脚踏实地、老老实实做事的人。他们总认为自己有远大的抱负，是别人可望而不可及的，那些鸡毛蒜皮的小事根本不必去做。然而他们不明白，一个杰出的人心胸就像大海，总在自己的心底留出一个最低的位置，去包容世俗带给自己的浪涛和苦水，去接受困难和挫折。只有经历这段历程，他们才会更加成熟，从而走向成功。

其实，我们做家务活，也会无意间考验和锻炼我们做事的细心程度。但是，由于大部分父母管教孩子时，已经采取了消极的行为模式，所以也许很难做到这一点。

应该记住，这个世界的各个不同层面和领域都是由微小的事情组成的。"小事即大事"这种说法，看似荒谬却也有一定的道理，因为有时一件小事能成为大的气候。

一些威力强大的运动总是起源于某件不起眼的微小事物。使大自然能够吐旧纳新、生气勃勃的主力军不是龙卷风，不是大洪水，也不是偶然的暴风雨，而是温和的清风、凉爽的细雨和天地间温柔静谧、晶莹剔透的纤纤露珠。

所以，在人类生活中，微小事物总是经常引发伟大的结果。小事不为者，大事难成；一屋不扫者，难扫天下；少时出言不慎者，终生胡言乱语；小饮放纵者，日后成酒鬼；一念不纯者，必受物欲之所累。个别粗鄙的行为，可能只是偶然为之，可别人也许会认为你在其他方面也粗俗不堪。无论如何，对于小毛病视而不见是很有害处的，久而久之，会使身体习惯于某种恶习，思想也会随之慢慢堕落，因为习惯性地去做某一件事情会在大脑中形成一种思维定式，甚至会影响到一个人的灵魂。不要认为一小笔钱、一点细微的时间、几句闲言碎语或是无关紧要的轻微举动无足轻重，那是非常致命的错误观念。

青少年作为未来社会的主力军，应该从身边小事做起，从一点一滴做起，才能成大事，扫天下。

独立是成功的根基

法国作家阿列克西斯·德·托克维尔的人生经历就是"靠自己生活"的榜样。托克维尔出生在一个双亲皆为贵族的家庭，他父亲是法国一个颇有名望的贵族，他的母亲是马拉舍伯公爵的孙女。由于强有力的家庭影响力，当他年方21岁时就被任命为凡尔赛审计法官，但是，很可能是由于他觉得自己的才能不足以胜任那个位置，他决定放弃那个职位，由自己单独去开创自己未来的生活道路。"真是个愚不可及的决定。"也许有人会这么说。但托克维尔勇敢地按照自己的决定去行动，毫不退缩。他辞去了自己的职位，并打算离开法国到美国游历访问。此行的成果就是后来出版的他那本伟大著作《论美国的民主》。

如果青少年从小不能养成生活自理的习惯，穿着不整洁、行为邋遢，性格上也必然是散漫的。

青少年的生活自理能力并不是什么鸡毛蒜皮的小事情，它不仅关系到我们生活是否舒适，也关系到我们有没有自信心。具备生活能力的人，一般的事情都难不住他，他的自信心就会很强。而缺乏生活自理能力，事事不会做，处处有困难的人，不仅生活上会遭受许多磨难，还会逐步滋长自卑心理，以至在学习和工作中也觉得自己处处不如人。

有的孩子什么事情都要父母来做，过的是"饭来张口，衣来伸手"的生活，难怪有人称之为"小皇帝"。

然而，现代社会，人们不需要"皇帝"，即使是皇帝也要自立。

一位老师说道："在提高学生生活能力方面，家庭教育是非常重要的，现在的独生子女都太娇惯了。"另一位老师表示了

她的担忧："现在的孩子不仅吃饭、穿衣样样都要家长操心，甚至连扫地、擦桌子等简单家务活都不会做，几乎一切事情都由大人包办。"

在某高校就业指导中心发生过这样一幕尴尬的情景：一位年过花甲的老人来回奔波，在各个摊位面前忙个不停，半天填了二十多份各类求职应聘表，并且不断向有关方面咨询着。许多人开始以为这位老年人也是来找工作的，没想到她是在帮24岁的儿子找工作。这种事情让人见了如何不摇头叹息。

曾经备受争议的《中日夏令营中的较量》，就给了我们很大的感触：

当日本孩子刚到北京时，就发生了耐人寻味的现象。他们到了天安门广场，日方领队对日本孩子们说：现在给你们每人发20元人民币，自己买一顿饭吃，下午四点半集合。现在你们三五个人一组，走吧。这么一声"走吧"，中方的老师很担心，心想他们是从日本来的，不会说中国话，路也不熟，天安门广场四通八达，找不回来怎么办？日方的领队摇摇头说：没关系，回不来也是锻炼，探险就从这儿开始了。

一个小时以后，电闪雷鸣，风狂雨骤。到下午四点半，日本孩子都安全回来了。平心而论，他们的这种从小让孩子独立的教育方法很让人佩服。

打开自己独立生活的局面

你有没有独立自主的生活习惯，从你的生活方式中，就可以看出来。你要学着独立去生活，自主去做些事情，一个成大事者是不会在生活中依赖他人的。

当你作为一个生命呱呱坠地时，可能就已经习惯了父母的呵护与抚养：饥饿、寒冷、疼痛、挫折……似乎都有人在为你遮挡。而现在，你长大了，步入了社会，走向了自己的生活，你是否想过：你能生存吗？你能适应社会吗？你能活得很好吗？

从这一刻开始，你的精神支柱就是你自己，只有你才能对你自己负责！

也许，你会遇到一些问题，觉得社会太黑暗，抱怨别人太势利，感受了人世间的冷暖之后，你变得孤独，寂寞，总有许许多多不可名状的情绪要发泄。这时，你应该想一想：这是为什么？其实，你只是在潜意识里认为自己只不过是一个"孩子"——外表成熟而内心却仍然依附着过去扶持着你的力量的孩子。也就是说，你还没有独立，不能独自承担这许多事情。

所以你活得不顺心、不积极，没有做好自己该做的事，没有找准自己的位置。

我们活在这个世上，不能没有独立。

当一个青少年独立了，放弃了依赖性的时候，当一个青少年真正为自己负责的时候，他就会变得无比强大。养成独立生活的习惯，是你迈向成功的第一步。

一个女孩子可能是很柔弱的，但当她成为一个母亲之后，当她必须为生活而奔波的时候，她的身上因为自己的责任而迸发出的力量将是无可比拟的，这就是独立的强大。天助地助者，社会需要坚强人，任何人都不愿意与一个软弱无力，随时会倒在自己身上的人呆在一起。只有你能为自己负责了，你才可能更多地得到别人的帮助。你自己就是你自己，这毋庸置疑。在这个世界上，没有人会陪你一生一世，我们每个人都需要学会独立的生活。

一个娇生惯养、从来没有出过远门的孩子，要想迅速地成熟起来，最好的方法是让他远离父母，去过独立的生活。正如一个婴儿，只有当他摆脱了双亲扶持的双手，自己一步一步地向前迈进，我们才会惊喜地叫道：宝宝会走了。

在我们的生活环境中，社会的进步使人与人之间的关系出现了异化，每个人都充满了智慧，又都有一把适应自己人生经验的"如意算盘"。

然而，谁也无法在课堂上、书本中和家庭里教会青少年们如何自如地处理各种复杂的社会关系、人际关系和利害关系，如何克服自身的惰性和弱点，以一个成熟者的目光来审视世界。只有独立地去面对、去体验，才会获得这些知识。正如一位先哲所说，若想让小鸟学会飞，就让它飞吧。

每个人都可能有这样的经验，被一位朋友领着穿过几条不曾到过的小巷，去一个陌生的地方，第二次自己来时，竟然无法辨认上次走过的路线；只有按图索骥，走一路问一路，再来时我们才能十分肯定地找到要找的目标——这就是独立的境界。

独立的境界是美妙的，独立的习惯却是需要我们自己去学习和培养的。独立地面对社会、面对自然、面对你自己、面对生活。

一个独立的人，他会坚守信仰，保持自我。只有这样，才能够在你的人生道路上不迷失方向，才能为自己的人生涂上一道亮丽的色彩。

我们生活在这个纷繁的世界里，不可能孤立存在，你必然会与许许多多的人交往、合作，但这并不代表着我们要放弃独立而随波逐流。

敢于自己做决定

有些人认为，人的一生是由上天所控制的，他们的成长也由父母、师长来决定的。甚至还有人相信，人生是由天空星座的运行来决定的，人无法改变。他们相信人生是由环境、命运以及各种机遇决定的，因而对生活往往有很重的怀疑和恐惧之心。如果一个人把自己一生降临的各种事情都看成是有能力控制的，能够自己做决定，那他就是一个幸福之人。无论他们身边发生了什么，他们都能毫不慌乱地选择适当的行动。

很多年轻人因为过于害怕自己选择错误，结果总是犹疑不决，或者即使下了决心，不久又开始动摇，无法达到终点；或者是盲目听从父母师长的意见。对于这样的人来说，成才当然与他们无缘。

所有的青少年都应该铭记：今天的你和你的地位，都是由你所选择的行动带来的结果。人，无疑是自然的创造物，而非上帝创造的。我们每个人都具备一种可以自己雕刻自己人生轮廓的能力。人的某些性格和环境确实是先天造就的，但每个人所走过的人生道路都不相同，即使是亲兄弟也如此。只有自己的抉择才是决定人生这场搏击胜负的关键筹码。

有人把人生比作一场赌牌运的对抗赛，有的人则认为打牌并不全靠"手气"的好坏，胜负还在于如何打出手中的每张牌。

在35岁以前还不懂得支配自己人生的人，其实就是他自己，认为他所度过的人生只是动荡的时代，或者父母遗传的组合，是由他出生的"星座"掌管，由上帝左右着命运。虽然他也有创造性的奇迹，但他并不认为那是自己个性的存在。

想要成才的青少年，在需要做出决定的时刻，要敢于承担全部责任，只有这样人才能成为成功者。成功者所信奉的因果关系是，"人生需要自己去创造，一切行动必有成效"。在多种可能性中进行选择，具有独自开辟道路的自由——这就是自我决定。

发现幸福的版本

幸福离你有多远

有一次，我有幸随朋友参加了一位百岁老人的生日宴席。那位百岁老人只比她丈夫大两岁，两人已风雨相伴了 80 个年头。在宴席上，我们真诚地向两位老人送上祝福的话语，而两位老人只是安详地微笑着，聆听着。而后，他们已年逾半百的长孙起身，请祖父对祖母说一句心里话。老人思忖了许久，最后他竟瞅着自己的老伴问："你好吗?"听了，她一边拭着眼里的泪花，一边不住地点着头，在那布满皱纹的脸上，溢满了幸福的笑容。此时，我们每一个在座者的眼睛都湿润了。

一对风雨相伴 80 载的夫妻，发自肺腑的祝愿，竟只是一句"你好吗?"

然而，在这一句平凡的问候里面，又包含着多少真诚、理解、包容、感激和牵挂呢。这件事情曾使我联想起一个故事：有一个辛苦操劳了大半生的农夫，开始厌倦了劳碌的生活。有一天，他遇到了一位路经此地的哲人，便虔诚地上前请教："像我这样的生活，什么时候才能获得幸福呢?"

哲人惊诧地问："难道你现在生活得不幸福吗?"

农夫连忙点了点头，解释说："每天我都要为了生计和子女的前程而奔波操劳。

❋习惯点滴❋

在许多时候，我们对已经把握在自己手中的幸福并不珍惜，往往在它失去之后，才感觉到懊悔。幸福是什么呢? 其实，幸福就是能够与自己所爱的人一起在平淡的生活里体味艰辛和快乐，就是我们每天都能够充实而坦然地迎来那一轮朝阳!

除此之外，我还要从微薄的收入中抠出钱来，为体弱多病的妻子求医问药，我感觉自己已经失去了生活的意义。"

哲人微笑着问了他一个问题："如果有人肯出一千两黄金的价格，用一颗奄奄一息的心脏换取你的心脏，用失去记忆的头脑换取你的头脑，你愿意吗？"

农夫茫然地摇了摇头。

于是，哲人继续问道："如果有人肯用华丽的宫殿换取你的子女，用万亩良田换取你的妻子，你愿意吗？"

农夫仍是茫然地摇了摇头。

此时，哲人朗声笑了起来，说："这么说，你就是世界上最幸福的人了，幸福就握在你的手中啊！"

听了，农夫若有所思，而后释然地笑了。

关于幸福的阐述看过许多种版本，大意都一致，幸福是一种心灵的感应。而各人的心灵感应是千变万化的，关键就在于你是否学会用一颗平常心去感受幸福。学会了，幸福就会时常缠绕在你身边；未学会，且利欲熏心，幸福就如海市蜃楼，永远可望而不可即。这正印证了穷人比富人更容易获得幸福这种现象。因为穷人珍惜身边所拥有的，而富人却一味地索取更大的财富。

冬天晒太阳是件幸福的事

南方冬天湿冷，直冷到骨子里头去。寒风裹挟着人们进入冬季，雨便缠缠绵绵地下着，不紧不慢，不慌不忙，像个优雅的仙子。雨落无声，仿佛要入了地老天荒之境，才甘罢了。久盼天晴久落空，便放低了心思，希望天明看早霜，抑或清晨闻冬雾，在经验的折子里，霜与雾，多少与晴空挨一点边的。

盼望着，盼望着，冬雾来了，过年似的高兴，人们互致雾的消息。电台、电视合更是可着劲儿地通报：雾锁城市，司机朋友务必小心驾驶。机场和高速公路已经关闭，雾至，人们干等着，等着云开雾散旭日升。在雾里穿行，行人的步子都比平日里放慢了不少，悠悠然，若云中漫步。这样的天气，即使上班迟到，再凶的老板，也会笑一笑，不置一句詈语，作罢。

因为，雾开之后，太阳就要出来了。

是的，这个浓雾消散的午后，太阳慢慢地爬上天顶。久违的阳光，给大地镀上了一层亮亮的金色，地上的蒸汽，一缕一缕，像是太阳吸了去，又像水不甘寒冷，向着温暖之源的太阳飞奔。草地上，衣杆上，窗台边，花花绿绿的衣服摆出来，宽宽大大的冬被展开来，接受太阳的检阅。老人们挨墙根坐着，面壁思过一样，很享受地晒着背。在他们眼里，再没有比晒太阳，更活泛，更让人消受的了。

而我，却不知在什么时候，丢了这一份本真的幸福。气温一上升，空调就开上了，温度值调到25℃，理论上讲最宜人，却是干燥得不行，拼命灌水也不解渴。搬出加湿器，空调干燥症缓解了，却是从人工到人工，生硬的很，再宜人，也总感觉不自在，不舒服。活在城市，就这样浸在一个人工的环境之中，像温室里的花，娇娇地活着，懒而无力地硬撑岁月。

记得刚进城的那些年，和一帮一无所有的邻居，把被子抱到单身宿舍的顶层天台上铺开来晒；一人占棉被一角，享受着冬日暖阳，还不忘自我解嘲：叫花子晒太阳——享天福。一坐就是一大半天，天南地北海聊着，热热乎乎地酣享着。夜里，没有暖气、没有空调的单身宿舍，依然寒冷，躲在被窝里，一被的阳光之味，再冷也不觉得冷了。天明，一觉醒来，仿佛周身还有太阳味。

是在追求之中，弄丢了晒太阳的幸福。追求所谓的世俗幸福，却把天然的幸福无情地丢弃。唉，人啊，常常迷失，迷失在眼花缭乱的诱惑里，迷失自己的心。

明天，太阳照常升起。而我们的迷失，还会继续吗？无论如何，我们要关掉空调，到草地上晒晒太阳，享享天福。老人言：冬天晒太阳是件无比幸福的事情。

幸福的阳光在身后

有一对夫妻，在同一家公司里工作了近十年。后来，公司被一名部门经理承包了。男人当时在公司里做技术员，因为性情耿直，在工作中曾与那名经理有过一些过节。因而，在公司精简人员时，他和妻子被双双精简下岗。

在那些阴郁的日子里，男人的大脑时时被一种愤怒和报复的念头操控着。他甚至在妻子面前毫不掩饰地发誓说："既然他不让我好过，我也不会让他好过！"妻子知道丈夫的脾气，他一旦有了决定，就是八头牛也拉不回来。

尽管这时候，她也为没有找到适当的工作而犯愁，但是在丈夫面前，她尽力装出一副轻松的样子，因为她不想给他带来更多的精神压力。

那一天，是男人的生日，原本他们是想邀请一些亲友到家里来热闹上一番。然而，因为两人还没有找到工作，心情都有些郁闷，便临时决定这个生日只一家人过。妻子仍忙着包他最爱吃的牛肉馅饺子，已上小学六年级的女儿，很懂事的在一旁帮妈妈揉面。

可是，男人的心情却很愤懑，他悄悄地将一把锋利的匕首揣在怀里。那是他在半个月前，从街市的一个地摊上购买的。然后，他将匕首开了刃子，磨得异常锋利。他决定在今天到公司去，与那个可恶的部门经理理论一番。

如果那个"秃头"的态度仍蛮横无理，他就用怀里的匕首给对方来一个"白刀子进去，红刀子出来"，直到对方下跪求饶为止。

在男人下楼之前，妻子已经发现他的神情有些异样，便关切地问："你怎么了，身体不舒服吗？"他摇了摇头，对妻子撒了一个谎，说："我心情有点不顺，想到楼下去散散步。"

此时，正在帮妈妈包饺子的女儿，用殷切的眼神瞅着他说："爸爸，你早一点回来吃饺子呀，我还有一件非常重要的礼物送给你哩！"继而，她给了爸爸一个神秘的笑脸。

以前，都是在女儿的生日时，他和妻子给女儿买礼物。这是女儿第一次给他买礼物，他忽然感觉女儿长大了。

下楼之后，他乘上202路公交车。他知道：只要数过六站，就到了原先公司的门口。只要那个暗算他的秃头经理没有出差，他可以轻松地走进去，实施自己的报复计划。

可是，还没有到达目的地，他心中愤懑的情绪已经消了一半。因为他的耳畔一直回响着女儿那甜甜的声音，他也一直在猜想着女儿会送给自己一件什么样的礼物。

那个原本很强烈的报复念头，渐渐地被冲淡了。下车后，他在公司门口徘徊了许久，他转身朝附近的一条小河走去，然后将藏匿在怀里的匕首掏出来，狠狠地抛到河水里。在那一瞬间，他的眼睛湿润了。

他迫不及待地"打的"回家，以前即使有工作的时候，向来节俭的他也很少乘出租车。这一次，他有一种急不可待的感觉。他想尽快地看到妻子，看到女儿为他准备的生日礼物。

当妻子把热腾腾的牛肉馅饺子端上来时，他的眼睛再一次湿润了。这时候，女儿将一个小鸟笼放了他的面前，里面是一只美丽的小山雀。

女儿告诉他，这是她用平时积攒的零花钱为他买的生日礼物，只要对着小鸟默默地许一个愿后放飞，就会心想事成。于是，他就让女儿替他许一个愿。

他看着女儿虔诚地闭上眼睛，默默地替他许下一个心愿，然后将小鸟放飞。他紧紧地将女儿抱住了，心中有一种劫后余生的感觉……后来，夫妻俩在街市上摆了一个地摊卖服饰品，生意还不错。不到两年，他们便拥有了自己的服饰店。他负责进货，妻子负责卖货。夫唱妇随，生意也越来越红火。现在，他们一年的收入，竟是在原先公司时薪水的十几倍。

又到男人的生日了。这一次，他们邀

✻习惯点滴✻

女儿一个美好的许愿，却阻止了父亲复他的计划。因此说，我们凡事不要冲动莽撞，回过头来看看自己的亲人，亲情的目光才是你最值得珍惜的幸福。

请了好多亲友在一家酒店里聚会，亲友们都称赞他夫妻俩有经营头脑。他却说："这一切都是我托女儿的福！在我最困难的时候，是女儿替我许了一个心愿，我才会有财源滚滚的今天！"

客人们又都把赞许的眼光投到他们的女儿身上，并追问她说："你能告诉我们，当时你替爸爸许的是一个什么样的心愿吗？"

女儿很认真地回答说："我替爸爸许的心愿，可不像他现在说的这样。我并没有想让爸爸赚很多很多的钱，我只希望他没有烦恼，能够永远平安快乐——"

听了女儿的回答，男人也有些意外。他朗声笑了起来，笑着笑着，他的眼角竟溢出了泪水。

客人们见他流泪后，都感到很奇怪，便问他："哦，你怎么哭了呢？"

他只是意味深长地说："不论遭受多大的挫折，我们都应该有理由相信，幸福的阳光总会在我们的身后！"

孩子的许愿和成人的许愿永远是天壤之别，女儿的许愿仅仅是天真无邪地祝父亲没有烦恼，能够永远快乐！换作成人许愿，或多或少会掺杂着一些功利与金钱！因而孩子是上帝派送给我们的心灵老师，当我们的生活遇到困难、郁闷时，回过身来，看一看孩子的眼睛，你就会蓦然发现，幸福的阳光其实就在身后。

孤独里有没有幸福的方向

正在吃饭，觥筹交错，明明是欢宴如醉，这种感觉却像山一样往下罩。

这是怎么了？一霎时如身处旷野。巴士上陌生的人群，空巷里着长裙的姑娘，湿漉漉的目光，这是哪个醉鬼，步履蹒跚，没入深宵。

暗夜不睡，眼前展开两条淡白的路的影子，一边是花柳繁华地，温柔富贵乡，延请揖让，迎来送往；一边是纸窗木榻，苦读青灯，笔走龙蛇，梅绽清雪。我该往左走？还是向右去？眼前这种凌乱状态让我痛苦，不由分说陷入迷惘的孤独。

我可以穷毕生精力，辛勤织一个庞大的关系网，让自己飞黄腾达起来。可是，我本来长着一颗大甲虫一样孤独的心，却硬要披上人皮，跟人家一起拉着手跳圆圈舞，这种种繁华情状里，孤独如铁，叫人怎么回避羡慕陶渊明挂冠归隐的大勇气，"幼稚盈室，瓶无储粟，生生所资，未见其

术。"换句话说，就是又大又穷的一家子人，都在指着他吃喝，他却赋起《归去来兮辞》，而所持的理由却是现代人无论如何无法理解。"饥冻虽切，违己交病。"李白外放出京还是被动的，"仰天大笑出门去"的豪情被生生浇灭，只有五柳先生自愿选择了清寒孤寂。我就不信他那个年代的人不慕高位，不爱钱财，不长一颗富贵心，两只体面眼，用财富和地位衡量一个人有没有出息，所以他在他那个时代里同样是一个异类。异类注定是孤独的，别人都在热热闹闹，他却于日薄西山之际，抚孤松而徘徊兮。

更佩服王冕，既不求官爵，又不交朋友，终日闭户读书。自造一顶极高的帽子，一件极阔的衣服，遇着花明柳媚的时节，乘一辆牛车载了母亲，戴了高帽，穿了阔衣，执着鞭子，口里唱着歌曲，在乡村镇上和湖边玩耍。当这个人在山边水流处，茅草棚一间，安闲度过一生的时候，他的生命状态达到了最透彻的孤独和最简单的真实。

二人相比，或许王冕比陶渊明来得更清醒些，一步就跨越了万水千山，一眼就看透了人情世态，一脚就把功名利禄踢飞，一下子就把自己变成了一个"超人"，就此孤独一世；而陶渊明比王冕来得挣扎而惨烈，在精神世界里想必有一番向左走还是向右走的思虑，然后几番权衡，一朝放弃。然而二人殊途同归，都回到了自由王国里的孤独状态。这种状态是精神上的强大外化为个体的淡定与吃得透、看得开，这种吃透、看开又让本来孤独清寂的生命焕发出最为

真实而本色的光彩。

　　钱钟书死后，杨绛先生是孤独的；妈妈死后，史铁生是孤独的；妞妞死后，周国平是孤独的。面对外界的纷纷扰扰，他们超拔而起，步出必然王国，进入自由王国，一边孤独着，一边幸福着。他们是王者。而真正的王者，是不妥协的。鲁迅先生像猫头鹰一样，不惜以孤独作代价，终生作恶声。"让他们怨恨去，我也一个都不宽恕"，先生于大悲哀和大痛楚里，一边受到最大的孤独袭击，一边得到最大的幸福合围。

　　这些绝世英雄们孤身一人，认定一条险峻小路，不顾一切地向上攀登，山路成为生命的一部分。当他们到达绝顶时，山风猎猎，天宽地阔，孤独是山峰送给征服者唯一的礼物。后悔吗？再想回头，已经来不及了。于是他们干脆拼尽全生之力，迎上前去，和孤独拥抱在一起，抵达生命最深处的真实。

　　而人生最大的真实，无非就是从人潮汹涌中，找到最适合自己走的一条路，然后踏上去，义无反顾，哪怕寂寞是它的表征，孤独是它的运命。既然如此，就让深广而痛切的孤独来拯救我。山路的尽头，灵魂张臂而立，随时准备和我的肉身合而为一，一起抵达深广而痛切的幸福。

幸福的那些时刻

　　一天中午我到邮局拿稿费，填写好厚厚的一叠取款单交给邮局工作人员时，我旁边一位正在埋头填写汇款单的人引起了我的注意。他带着安全帽，穿着沾有白灰的厚厚的工作服，脸上的胡须很长，看起来好久没有剃了。他粗糙的手指很用力地握住纤细的圆珠笔，我担心他稍微一用劲圆珠笔就会折断。他的指甲留得很厚很长，指缝间黑黑的污垢清晰可见。

　　我顺眼看了他的收款人地址，是江西的一个农村。这让我想起了远在家乡，曾经也是民工的哥哥。也许是由于急躁，也许是因为不怎么写字，他写的字歪歪扭扭，像爬行的蚯蚓。在不到两分钟的时间里他填写了三张汇款单，填了又撕，撕了又填。看到我在注视着他，他的耳根瞬间红了起来，脸颊上慢慢地渗出了一层细汗。忽然，他抬头问我："可不可以帮个忙?"我说："行啊，能帮你什么?"他说："在汇款附言里写句话，不要多，字多了收钱哩。"我问："写什么?"他羞涩地捏着手指说："我很

好，勿念，种好庄稼，祝你们幸福。"我很快给他写好附言。他双手捏紧汇款单，珍重地交给邮局工作人员，眼神充满了期待。当工作人员把汇款凭证交给他时，他笑了，笑得很质朴、灿烂，仿佛完成了某件十分具有意义的庄重事业。回头时，他连声对我说："谢谢，谢谢兄弟。"说完他给我发了一根很廉价的香烟。

　　出于写作的敏感，我问他："你眼里的幸福是什么?"他说："简单的很，就是我平平安安地干活不生病，家里的人顺顺利利把庄稼收进粮仓，孩子好好学习，考出好成绩，就是最大的幸福。说了你别笑，我汇款时附言里少写几个字，就能节省几毛钱，用这几毛钱我的妻子可以打一斤酱油，我的孩子可以买一根冰棍。一想到他们有滋有味地过日子，我能按时拿到工钱，有时我做梦都能笑醒来。你说得知我拿到工钱的消息，我远方的妻子能不高兴吗?用我节省的几毛钱买根冰棍，我的孩子能不幸福吗?"说完他转身走了，我目送着他走出邮局，最后消失在川流不息的闹市中。我的心，被揪了一下。他的话就像泥土，素面朝天，没有任何修饰;他眼里的幸福就像一粒草叶上的露珠，晶莹剔透，没有任何杂质。

　　我接过邮局人员从窗口里扔出的稿酬，平时不怎么在乎的轻飘飘的稿酬，

这时却有了一种异样的分量。连我自己也感到有些纳闷，与他相比，我每月有着固定的工资，享受着单位不错的福利，既没有种田，又没有烈日的暴晒，更没有他所忍受的风吹雨打，可我眼中的某些幸福总是那么高高在上，像风捉摸不定，像云缥缥缈缈。

我们眼中微不足道、细如沙的幸福，却是他人眼中贵重如珍珠般的拥有；我们心里复杂如乱麻的生活，在他人心里却简洁如一根针线。

许多幸福就像泥土一样粘在我们的鞋底，只是我们熟视无睹，把不起眼的泥巴漫不经心地磕掉了。他们，才是我们好的老师。

把握一颗珍珠的幸福

曾经，我听一位长者讲过这么一个故事：有一个人非常幸运地获得了一颗硕大而美丽的珍珠，然而他并不感到满足，因为在那颗珍珠上面有一个小小的斑点。他想若是能够将这个小小的斑点剔除，那么它肯定会成为世上最最珍贵的宝物。于是，他就狠下心削去了珍珠的表层，可是斑点还在，他又削去第二层，原以为这下可以把斑点去掉了，殊不知它仍旧存在。他不断地削掉了一层又一层，直到最后，那个斑点没有了，而珍珠也不复存在了。后来，那个人心痛不已，从此一病不起。在临终前，他无比懊悔地对家人说：

"倘若当时我不去计较那一个斑点，现在我的手里还会攥着那颗美丽的珍珠啊！"

每想起这个故事，就会使我联想起另一件事儿。有一段时间，我几乎每天傍晚都要到海边去散步，经常会看到一对头发斑白的老人依偎在海边的一条长椅上看海。他俩总是静静地坐着，面孔上则始终挂着一种祥和的微笑，宛如一尊神态安详的雕塑。

有一天，我好奇地走到他俩近前，轻声地招呼道："你们也喜欢看海吗？"

老人微笑着朝我点头示意，然后，抬手指了指身旁的老伴。此时，我才发觉他原来是一位聋哑人，而他的妻子竟是一位双目失明的盲人。蓦然，我为自己刚才的失言而感到后悔。然而，在那两位老人的脸上却找不到一丝的不悦。相反，她竟用一种极其温和、坦诚的语气说："是啊，我们老两口经常来'看'海的，你一定会感到奇怪吧，其实只要彼此心灵之间不存在着残疾，我们仍旧是正常的人。"

> ❋ **习惯点滴** ❋
>
> 爱一个人就是爱对方的全部，包括缺点。达到这样的境界，自然也把握住了幸福，而一味地追求完美，就如那个获得珍珠的人，只能与幸福渐行渐远。

两位老人的神情上没有流露出半点的自卑与遗憾，只有幸福、满足的笑容在默默地向外流淌。我注视着眼前这一对恩爱可敬的老人，眼睛倏然湿润了……也许，就从那一刻起，我恍然从那一对残疾老人的笑容里寻求到了幸福的定义。真正的幸福，其实不是让我们数着背负终生之憾的危险，刻意去剔除对方身上那一点点微不足道的瑕疵；而是要我们把握好自己手里的那一颗实实在在的珍珠，学会包容与珍惜。从彼此心灵的和弦里感受到真正的幸福。

一个聋哑老人陪着自己的盲妻"看"海，与其说是看海，还不如说，他们一个在看海，一个在听海，然而他们把彼此对海的感受传给对方，就成了正常人看海了，用盲老太的话说："只要彼此的心灵之间不存在残疾，我们仍旧是正常人啊！"多么闪光的智慧语言。

习惯养成第八课：
不要陷入攀比的泥沼

1. 指出你在生活中最想攀比的领域，也许是相互攀比服装，也许是相互攀比长相，也许是相互比较朋友，也许是相互对比天赋。

   我最想与他人攀比的地方：

2. 如果你参加的是体育比赛，表现出你的体育道德来。比赛后对对方队员表示赞赏。

3. 如果有人欠你钱，别不敢以友好的方式提醒他还钱。你可以这样说："你忘了上周向我借过10美元吗？我有急用。"要采取双赢态度，而不要咄咄逼人。

4. 不要在乎输赢与否，与别人玩玩扑克、滑板或者电脑游戏，目的就是使大家都高兴。

5. 你不久将参加一个重要的考试吗？如果是，组成一个学习小组，与大家分享你最高明的想法。你会取得更好的成绩。

6. 如果下次你周围的某个人取得了成功的话，应由衷地为他高兴，而不是感到受到了他的威胁。

7. 认真考虑一下你对生活的总的态度，你的生活态度建立在什么基础之上？是争强好胜、逆来顺受、两败俱伤，还是双赢？

这些人是：

我从哪些方面敬佩他们：

9. 你同异性的关系是逆来顺受的关系吗？如果是，那么你应确定该做些什么来改变这种关系让你也赢，或是根本不再继续这种关系、从这种关系中解脱出来。

第九篇

人生不可能一路坦途

——培养不畏挫折、坚韧不拔的习惯

跌倒的地方也有风景

心态左右人生

生活中，有那么多人终其一生都碌碌无为，有的人甚至一生都摆脱不了贫困。原因无他，只是因为他们没有摆脱贫穷的心态。

一个人如果有了积极的心态，他就可以摆脱平庸，他就可以有所作为。而青少年一旦有了积极心态，也一定可以走上成才之路。

积极的心态更可以改变一个人的命运，获得成功。

福勒是美国路易斯安那州一个黑人佃农家的孩子，5岁时就开始劳动，9岁之前就以赶骡子为生。这并不是什么特殊的事，大多数佃农的孩子都是很早就参加劳动的。小福勒与他的朋友有一点不同：他有一位不平凡的母亲。他的母亲不肯接受这种仅能糊口的生活。她知道自己贫困的家庭被一个繁荣昌盛的世界所包围，她无法接受这个事实，相信其中一定有些蹊跷。过去，她时常同儿子谈论她的梦想：

"福勒，我们不应该贫穷。我不愿意听到你说：我们的贫穷是上帝的意愿。我们的贫穷不是由于上帝的缘故，而是因为你的父亲从来就没有产生过致富的愿望，我们家庭中的任何人都没有产生过出人头地的想法。"

没有人产生过致富的愿望。这个观念在福勒的心灵深处刻下了深深的烙印，从而改变了他的一生。他开始想走上致富之路，他总是把他所需要的东西放在心中，而把不需要的东西抛到九霄云外。这样，他致富的愿望就像火花一样迸发出来。他决定把经商作为生财的一条捷径，最后定下来经营肥皂。于是他开始挨家挨户出售肥皂达 12 年之久。后来他获悉供应他肥皂的那个公司即将拍卖出售。这个公司的售价是 15 万美元，他在经营肥皂的 12 年中一点一滴地积蓄了 2.5 万美元。双方达成了协议：他先交 2.5 万美元的保证金，然后在 10 天的限期内付清剩下的 12.5 万美元。协议规定，如果他不能在 10 天内筹齐这笔款，他就要丧失之前交付的保证金。

在第 10 天的前夜，他筹集了 11.5 万美元，也就是说，还差 1 万美元。

当时他已用尽了所知道的一切贷款来源。那时已是沉沉深夜，他在幽暗的房间里，跪下来祷告，祈求上帝领他去见一个会及时借给他 1 万美元的人。他自言自语地说："我要驱车走遍第 61 号大街，直到我在一栋商业大楼里看到第一道灯光。"

夜里 11 点钟，福勒驱车沿芝加哥 61 号大街驶去。驶过几个街区后，他看见一所承包商事务所亮着灯光。他走了进去。在那里，在一张写字台旁坐着一个因深夜工作而疲乏不堪的人，福勒似乎认识他。福勒意识到自己必须勇敢些。

"你想赚 1000 美元吗？"福勒直截了当地问道。

这句话使得这位承包商吓得向后仰去。"是呀，当然想！"他答道。

"那么，给我开一张 1 万美元的支票，当我奉还这笔借款时，我将另付 1000 美元利息。"福勒对那个人说。他把其他借款给他的人的名单给这位承包商看，并且详细地解释了这次商业风险的情况。

❋习惯点滴❋

福勒随身带着一个看不见的法宝，这个法宝的一边印着"积极心态"四个字，另一边印着"消极心态"四个字。他把"积极心态"这一面翻到上面，令人吃惊的事发生了。他竟然能够把以前仅仅是梦想的东西变成了现实。

那天夜里，福勒在离开这个事务所时，衣袋里已装了一张 1 万美元的支票。后来，他不仅在那个肥皂公司，而且在其他七个公司，包括四个化妆品公司、一个袜类贸易公司、一个标签公司和一个报馆，都获得了控制权。人们请求他谈谈自己的成功奥秘时，他用他的母亲在多年前所说的话回答道：

"我们是贫穷的，但这并不是由于上帝，而是由于你们的父亲从来没有产生过致富的愿望，在我们的家庭中，从来没有一个人想到过改变自己目前的处境。"

"假如你知道自己需要什么，那么，当你看见它的时候，你就会很容易地认识到它。例如，当你读书时，你将认识到一些良机将帮助你获得你所需要的东西。"

积极心态的建立

很多人都认为自己是生活中某一领域的失败者，他们步入社会后经常提及和讨论这样一些问题，如"你为什么要不断地调整心态呢"，"你为什么没有取得你打算要取得的成功呢"，"你认为自己最大的长处是什么"，等等。

他们所讲的故事，所给出的理由当然都是些关于自己失败的原因和悲剧性的故事，如"我从来就未曾真正有过一个奔向好前程的机会。你知道，我的父亲是个酒鬼"，"我是在贫民窟中长大的，你从你的社会结构中绝对领会不到那种生活"，"我只受过小学教育"，"我机遇不好"，等等。

实质上，这些人都在表明：世界给了他们不公平的待遇。他们是在责备他们身外的世界和境况，责备他们的生活环境。其实，他们之所以得出这样的结论，完全是因为他们都有一种不良的心态——消极。正是由于这种心态，才阻碍了他们走向成功。

心态是人生态度的具体化，是人生态度的现实反映。积极乐观的人生态度决定了人的心态环境，一个人需要有积极的心态。你也许听过这样的谚语："成功吸引更多成功，而失败带来更多失败。"这句话真是一语中的。为成功而努力会使你更有能力迈向成功；如果你什么也不做，坐等失败，只会使你遭受更多的失败。

一个人，如果他一生信奉这种理论，认为世事随

时会有转变，都可能否极泰来，这就是真正的积极心态。这种积极的心态一定会发挥功效。当你面对难题时，如果你期待能拨云见日，并能乐观对待，事情最后终将如你所愿，因为好运总是站在积极思想者的一边。具有积极心态的人心中常能存有光明的远景，即使身陷困境，也能以愉悦、创造性的态度走出困境，迎向光明。

事实上，人生就是如此。我们难免会遇到挫折、困难及烦恼，但这并不意味着你注定要被打败。如果你秉持真诚的信念，勇敢面对人生，坚信好运必来，就能突破重围，任何难题都将迎刃而解。这一点适用于每一个人，每一种场合。

这就是积极心态的力量，它会使人意志坚强，使人拒绝被打败，这也就是尽你一生所有的勇气来面对人生。

你究竟想做一个英雄还是一个懦夫？你是个意志坚强的人，还是个心志柔弱的人呢？一个具有积极心态的人绝不是一个懦夫，他相信自己，他了解自己的能力，一点也不畏惧困难，相信自己能永远立于不败之地。他会从所发生的一切事情中掌握对自己最有利的结果。他所坚持的原则是，不断将弱点转化为力量。

积极能使一个懦夫成为英雄，从心志柔弱变为意志坚强，由软弱、消极、优柔寡断的人变成积极的人。

积极心态具有改变人生的力量，虽然人人都理解它的重要性，但有些人在实行时会发生困难。这是因为某些奇怪的心理障碍会导致积极思想的无效。一个人若是不断地怀疑、质问，那是因为他不让积极思想发生作用。他们不想成功，事实上他们害怕成功。因为活在自怜的情绪中安慰自己，总是比较容易的。我们的大脑必须被训练成积极思考的模式。

积极思想只有在你相信它的情况下才会发生作用，并且产生奇迹，而且你必须将信心与思想过程结合起来。很多人发现积极思想无效，原因之一便是他们的信心不够，总是怀疑和犹豫，不停地给它泼冷水。因为他们不敢完全相信一旦你对它有信心，便会产生惊人效果。

勇敢而大胆地信仰——这是一切成功的法则。没有任何东西可以永远阻拦它。信仰可以集中一切力量，不要迟疑，不要怯懦，不要猜测，要勇敢而大胆的相信这一切，这就是胜利。

只要你愿意耕耘培养它，积极心态便能发挥力量。但养成它并不容易，它需要艰苦的工作和坚强的信仰，它需要你诚实地生活，拥有想成功的欲望。同时，运用积极思想时，你必须坚持才能成功。当你确定已经掌握它时，你应再进一步发展积极的心态。当别人提出新的建议（例如积极思想），且有助于我们渡过难关时，我们总是下意识地使这些方法不起作用。这样，我们便认定是这个原则无效，而不是我们自己有问题。一旦我们了解正是这种不健康的心理因素作祟时，积极思想原则便能发挥极大功用。

> ❋习惯点滴❋
>
> 人的整个生命可以变得更坚强、更快乐。当我们仔细研读并应用各项原则后，内心便会有重大的突破。更坚强的信仰、深刻的理解和无畏的奉献精神将会为你开启另一扇人生之门。你不仅会精力充沛，可以应付各种问题，你还有足够的余力和远见，对许多人产生创造性的影响。

当我们做错了某事而感到内疚，便希望被人惩罚。如果仍无法纠正，我们往往通过失败来寻求自我惩罚。要想改变这种情况，首先必须将这些过错清除，负疚感才会随之消失，自我惩罚的行为也就不必要了。当这一过程完成后，积极思想这套原则便能发挥极大功效。

不会再有失败，不会再有挫折，不会再有绝望，人生不会在瞬间变得轻松或浮华。人生是真实永恒的，有各种问题存在。以积极的心态去思考、去行动，就不会再被任何难题所控制、阻挠。积极心态一定有惊人的效果。

保持乐观的心态

有两个人同时遥望夜空，一个看到的是沉沉的黑夜，而另一个人看到的却是闪烁的星斗，这就是乐观与悲观的区别。

两个青年到一家公司求职，经理把第一位求职者叫到办公室，问道："你觉得你原来的公司怎么样?"

求职者面色阴郁地答道:"唉,那里糟透了。同事们尔虞我诈、勾心斗角,部门经理粗野蛮横、以势压人,整个公司死气沉沉,生活在那里令人感到十分压抑,所以我想换个理想的地方。"

"我们这里恐怕不是你理想的乐土。"经理说。于是这个年轻人满面愁容地走了出去。

第二个求职者也被问到这个问题,他答到:"我们那儿挺好;同事们待人热情,乐于互助,经理们平易近人,关心下属,整个公司气氛融洽,生活得十分愉快。如果不是想发挥我的特长,我真不想离开那儿。"

"你被录取了。"经理笑吟吟地说。

"思维心理学"大师史力民博士指出:"乐观是成功的一大要诀。"他说,失败者通常有一个悲观的"解释事物的方式",即悲观者遇到挫折时,总会在心里对自己说:"生命就这么无奈,努力也是徒然。"由于常常运用这种悲观的方式解释事物,无意识中就丧失斗志,不思进取了。

史力民博士师承行为学派,他还说,人类的所有行为,无论乐观,还是悲观,都是学得的。因而悲观者的悲观性格,并非命中注定,而是后天养成的。悲观者可以力强而至,学成乐观。同时,史力民博士指出化悲观为乐观的三个原则,人人都有必要学习它:

不要扩大事态

如果你做一桩生意失败了,不要说:"所有生意都难做,以后还是收山好了。"你要对自己说:"这一桩生意失败了。我学到了些什么呢?我下一次应该怎样才能避免犯同样的错误呢?"

不要"人"与"事"混淆

当一件事失败的时候,不要说:"我是失败者。"这样你便将"事"与"人"混淆了。你要对自己说:"我做这件事总有不当的地方,才出了这么大的错。我下次该怎样做才适当。"

不要夸大时间

当不如意时，切勿就对自己说："我时时都是倒运的。"这是不可能的！你要对自己说："似乎很多时候我做事不大如意，到底原因何在？"

当你立志改变灰色的人生观，树立光明的人生观，成功与健康便不再远离你了。

我们常说，笑一笑，十年少，意思是保持积极乐观的生活态度有助于延长寿命。美国心理学家通过五年的研究，进一步证实了这一常识。

大卫·斯诺登是肯塔基大学的一位神经学教授，他从 1986 年开始就对圣母修文学院的 678 位修女进行跟踪研究，这些修女每年定期体检，而且同意死后将她们的大脑捐献出来供医学研究。研究人员发现，年轻时比较乐观的修女到年老后不容易患老年性痴呆症。越乐观的人，随着时间的流逝，他们对自身造成的压力就越小。相反，经常焦虑、动怒的人岁数大后更容易中风和患心脏病。

几年前，斯诺登和他的同事开始仔细阅读了 80 位修女在她们二十多岁时写的自传，对生活持乐观向上态度的修女在她们自传中喜欢用"幸福"、"快乐"、"爱"、"满意"和"充满希望"等字句，而且她们要比悲观的人平均多活十年。

另外，美国明尼苏达梅奥医院的研究人员对八百多人进行了为期 30 年的跟踪研究，发现情绪乐观的人生存率远远高于预期值。另一方面，情绪悲观的人实际寿命与预期寿命相比，提前死亡的可能性高 19%。

研究人员认为，情绪乐观的人不大可能显现抑郁情绪，他们在寻医或接受治疗方面也比较积极，很少有自怨自艾的倾向或在劫难逃的想法。宾夕法尼亚大学心理学系的马丁·塞利格曼说："悲观情绪早期就能加以确认，也可以改变，所以情绪容易悲观的人可以参加简短的训练计划，永久改变他们对不幸事件的思虑，从而降低患病乃至死亡的风险。"

那么如何让乐观的心态长伴左右呢？好的磁场能吸引好的人、事、物。好比积极、善良的人常会遇见贵人，有好的事业机会，财运也比一般人多；幽默感十足的人有令人羡慕的人际关系。这些人都值得我们去接近，去交往。和喜欢赌博的人交往，自己潜在的赌性就在不自觉中被激发出来；和喜欢读书的人交往，很快会感受到书中乐趣无穷……

空气中弥漫的气息都会影响我们的情绪，保持居住环境的通风、明亮，是创造好磁场的第一步。脑海中要常常保持乐观的信念，相信自己可以健康，相信自己值得被爱，相信自己的人生有价值，相信自己配得到完美伴侣，相信自己要快乐是很简单的，不乐观起来才是困难的。

信心助你成功

信心不仅能使一个白手起家的人成为巨富，也会使一个演员在风云变幻的政坛上大获成功，美国第四十届总统罗纳德·里根就是有幸掌握这个诀窍的人物。

里根是个演员，却立志要当总统。罗纳德·里根从电台体育播音员到好莱坞电影明星，整个青年到中年的岁月都陷在文艺圈内，对于从政完全是陌生的，当人们竭力怂恿他竞选加州州长时，里根毅然决定放弃大半辈子赖以为生的职业，决心开辟人生的新领域。

当然，信心毕竟只是一种自我激励的精神力量，若离开了自己所具有的条件，信心也就失去了依托，难以使希望成为现实。但凡想有所作为的人，都须脚踏实地，从自己的脚下走出一条远行的路来。正如里根要改变自己的生活道路，并非突发奇想，而是与他的知识、能力、经历、胆识分不开的。

有两件事树立了里根角逐政界的信心：一是他受聘担当通用电气公司的电视节目主持人。为办好这个遍布全美各地的大型联合企业的电视节目，通过电视宣传，改变普遍存在的工人生产情绪低落的状况，里根煞费苦心，花费大量时间巡回在各个分厂同工人和

管理人员广泛接触，这使得他有大量机会认识社会各界人士，全面了解社会的政治、经济情况。人们什么话都对他说，从工厂生产、职工收入、社会福利到政府与企业的关系、税收政策等等。里根把这些话题吸收消化后，通过节目主持人的身份反映出来，立刻引起了强烈的共鸣。为此，该公司一位董事长曾意味深长地对里根说："认真总结一下这方面的经验体会，为自己总结几条哲理，然后身体力行地去做，将来必有收获。"这番话无疑为里根坚定弃影从政的信心埋下了种子。

另一件事发生在他加入共和党后。为帮助保守派头目竞选议员，募集资金，他利用演员身份在电视上发表了一篇题为"可供选择的时代"的演讲。因其出色的表演才能，大获成功，演说后立即募集了 100 万美元，以后又陆续收到不少捐款，总数达 600 万美元。《纽约时报》称之为美国竞选史上筹款最多的一篇演说。里根一夜之间成为共和党保守派心目中的代言人，引起了操纵政坛的幕后人物的注意。这时候又传来更令人振奋的消息，里根在好莱坞的好友乔治·墨菲，这个地道的电影明星，与担任过肯尼迪和约翰逊总统新闻秘书的老牌政治家塞林洛竞选加州议员。在政治实力悬殊的情况下，乔治·墨菲凭借着 38 年的舞台银幕经验，唤起了早已熟悉他形象的老观众们的巨大热情，意外地大获成功。

原来，演员的经历不但不是从政的障碍，而且如果运用得当，还会为争夺选票赢得民众发挥作用。里根发现了这一秘密，便首先从塑造形象上下功夫，充分利用自己的优势——五官端正、轮廓分明的好莱坞"典型的美男子"的风度和魅力，还邀约了一批著名的大影星、歌星、画家等艺术名流出来助阵，使共和党竞选活动别开生面，大放异彩，吸引了众多观众。

然而这一切在里根的对手、多年来一直连任加州州长的老政治家布朗的眼中，却只不过是"二流戏子"的滑稽表演。他认为无论里根的外部形象怎样光辉，其政治形象毕竟还只是一个稚嫩的婴儿。于是他抓住这点，以毫无政治工作经验为由进行攻击，殊不知里根却顺水推舟，干脆扮演一个纯朴无华、诚实热心的"平民政治家"。里根固然没有从政的经历，但是有从政经历的布朗恰恰才有更多的失误，给人留下把柄，让里根得以打败对手。

二者形象对照是如此鲜明，里根再一次越过了障碍，帮助他越过障碍的正是障碍本身，没有政治资本就是一笔最大的资本。因而，每个人一生的经历都是最宝贵的财富。不同的是，有的人只将经历视为实现目标的障碍，有的人则利用经历作为实现目标的法宝，里根无疑属于后者。

里根如愿以偿当上了州长。在他问鼎白宫之时，又与竞争对手卡特举行过长达几十分钟的电视辩论。面对摄像机，里根淋漓尽致地发挥出表演才能，时而微笑，时而妙语连珠，在亿万选民面前凭着当演员时练就的本领，占尽上风。相比之下，从政时间虽长，但缺少表演经历的卡特却相形见绌。

通过里根的经历，我们可以感觉到：信心的力量在成功者的足迹中起着决定性的作用，要想事业有成，就必须拥有无坚不摧的信心。

著名的印象派画家凡·高一生画了800幅油画和700幅素描，但他的全部作品在其生前仅仅卖出去了一幅。他的一生始终在和贫穷、困难作顽强搏斗。在17年的绘画生涯中，他不在乎别人对他的评价，无所谓不被承认，他始终坚持画他的思想，画他对生活的认识，并强烈地意识到这才是他真正的职业。

在他死后10余年，当世界跨入一个崭新的历史时期时，他的作品突然声誉日增，至今不衰。他的作品经历了百年的艺术考验之后成为国际拍卖史上最昂贵的拍卖品，争相被世界各大知名博物馆收藏。

凡·高没有变，凡·高的作品也没有变，只因人们从不认识到认识，从门外走进门内，走进了凡·高的作品中所揭示的那个前卫的时代，这才感觉到了他的不同凡响，感觉到他的作品的珍贵价值。

习惯点滴

一种乐观、积极、愉快的思想，是可以给予我们一种快乐、幸福、向上、更新的感觉。它带给我们新的希望，勇气与生活的动力。

生活本来就是不公平的。这着实让人不愉快，但却是实情。然而，我们许多人所犯的一个错误便是为自己、或为他人感到遗憾，认为生活应该是公平的，或者终有一天会是公平的。其实不然，现在不是，将来也不会。要记住："事情既然已经不可改变，就要勇敢而愉快地接受。"只要我们勇于接受事实，即便人的生活状态一时难以改变，人也可以通过他们的精神力量去调节他们的心理感受。

人的生活并非是一种无奈，而是一种可以用自身主观努力去把握和调控的。人的生活就是不断地将自身产生的种种精神意象，翻译在我们生命中的品格上。

我们生命中成就的大小，关键看我们能否维持我们生活的和谐，能否拒绝一切足以损害能力、减低效率的精神敌人于心胸之外。每个人的世界、环境都是他自己造成的，他完全可以排除一切自卑、恶意、恐惧等思想，而使自己的心情变得一片清明。

忍耐有助于进步

忍耐的性格有助于人生的进步，有助于战胜一切挫折。

加藤信三是日本狮王牙刷公司的小职员。作为一个小职员，尽管他前一天夜里加班加点，很晚回家休息；尽管他头晕目眩，还想美美地睡上一觉，但是他必须马上起床，赶到公司去上早班，起床后，他匆匆忙忙地洗脸、刷牙，不料，急忙中出了一些小乱子，牙龈被刷出血来！加藤信三不由火冒三丈，因为刷牙时牙龈出血的情况已不止一次地发生过了。情绪不好的他怀着一肚子的牢骚和不满冲出了家门。

作为一个牙刷公司的职员，数次刷牙牙龈出了血，加藤的不满情绪越来越大了。他怒气冲冲地朝公司走去，准备向有关技术部门发一通牢骚。

走进公司大门时，走着走着，他的脚步渐渐地放慢了。加藤信三曾参加过公司组织的管理科学学习班。管理科学中有一条名言使他改变了自己的态度。这条训诫说："当你产生不满情绪时，要认识到正有无穷无尽新的天地等待你去开发，这就需要你的忍耐！"

当他冷静下来以后，和同事们想出了不少解决牙龈出血的好办法。他们提出了改变刷毛的质地、改造牙刷的造型、重新设计毛的排列等各种改进方案，经过论证后，逐一进行试验。试验中加藤发现了一个为常人所忽略的细节：他在放大镜下看到，牙刷毛的顶端由于机器切割，都呈锐利的直角。"如果通过一道工序，把这些锐利的角都锉成圆角，那么问题就完全解决了！"同事们都一致同意他的见解。经过多次实验后，加藤和他的同事们把成功的结果正式向公司提出。公司很乐意改进自己的产品，迅速投入资金，把全部牙刷毛的顶端改成了圆角。

改进后的狮王牌牙刷很快受到了广大顾客的欢迎，对公司做出巨大贡献的加藤从普通职员晋升为科长，十几年后成为公司董事长。

加藤的创意表现在改造牙刷结构，即把锐利的直角牙刷毛变成圆角，从而解决了防止牙龈出血的难题。这是我们前面所讲的"创造力"的具体运用，表明加藤试图在不满的压力中用独特的思维超越过去，发现"金点子"的创意精神。成功者永不满足，他们不满现状，时刻准备改造生活，改造自我。在他们眼里，新的创意无穷无尽。

加藤的"幸运"来自于在不满中起步，在忍耐中创造。所以，从某种程度上，不满和忍耐是创新的源泉，是进步的动力。一个欲成大事的人，根本就不能自暴自弃，需要的是忍耐。

关于忍耐，犹太人是这样讲的：

"人的细胞每时每刻都在变化，每天都会更新。因而，你昨天生气的细胞，已为今朝新的细胞所替代。酒足饭饱后所思考的内容，与饥肠辘辘时所考虑的也不一样。我仅仅在等你的细胞的更替。"

犹太人在2000多年受迫害的历史中所积累的忍耐精神，绝不是没有用的他们在忍耐之中总结出求胜的犹太人的成功秘诀。

"人类要变化。人类发生变化。社会也随之变革。社会变革了，犹太人也一定会复苏。"

这是犹太人在 2000 多年忍耐过程中产生的乐观主义情绪，也是从犹太历史中诞生的民族精神。一般在生意交易中，犹太人会耐着性子，等待对方态度的改变。然而，当其知道不合算时，不用说 3 年，哪怕半年，犹太人也不会等下去的。犹太人一旦决定在某项事业上投资（人力、物力），他会制定投资一个月后的、两个月后的和三个月后的三套计划。

一个月后，即便发现实际情况与事前预测有相当的出入，他也丝毫不感到吃惊或动摇，仍一个劲地追加资本。

两个月后，实际情况仍不理想，便进一步追加资本。

问题是第三个月的实际情况。这时如果情况仍与计划不符，而又没有确切的事实证明将来会发生好转，那么犹太人会毅然决然地放弃这桩事业。放弃这桩事业，也就是放弃这以前的投资和努力。尽管如此，犹太人也泰然自若，生意虽然搞得不如意，但因为不留后患，不为一堆烂摊子而伤脑筋，这样反倒乐得自在。

所谓的撒手停办，就是彻底放弃迄今为止投入的全部资金和人力物力。即使这样，犹太人也绝不会唉声叹气，不会埋怨背运，他们仍镇定自若。因为他们生性乐观，对事物多角度的理解分析使他们的心胸豁达，他们总能给自己找到解脱和自我安慰的方式。因为他们认为，生意虽遭失败，但却能及时停办，还没到那种一塌糊涂、不可收拾的地步。因此，犹太人非常注意买卖中的"度"，这是明智的自我保护行为。

换成日本人情况就不同了。

"好不容易才搞到这步田地，再苦一阵子就……"

"现在放弃的话，三个月的努力不就泡汤了吗？"

※ 习惯点滴 ※

在人生的游戏中，不尽人意的事常会发生，每个人都没有悲观的必要，失败乃是成功必经的过程，关键要有决心和忍耐。昨天或今日的失败，并不意味最后的结局。活用失败与错误，是自我教育和提高的有效途径。最怕的是那些发生了错误或失败的人一蹶不振，没有了忍耐性，才是真正的失败者。美国通用汽车公司董事长亚弗列说："人生是要犯错误的，不犯任何错误的人，是一无所成的人。"

抱着留恋和犹豫的心情继续干下去。结果越陷越深，无力东山再起。

日本人常讲"桃三李四柿八年"，"达摩僧面壁九年"，"石上坐三年"等等，认为有耐心，不懈地努力是成功的最大原因，而这根本无法与犹太人抗衡。忍受了2000多年迫害的苦难历程的犹太人，比起动不动就剖腹自杀的日本人，是一个更具有忍耐精神的民族。而他们只愿等待三个月。

数字犹如一团软面被犹太人随心所欲地使用。在做生意时，犹太人总是把生意与数字挂钩，用具体的数字来度量其得到的好处。

保持平和的心态

平和是情绪的最佳状态，无论从事什么职业，与什么人相处，这都非常重要。静中有着无限的妙趣。

在1918年，密西西比州松树林里一场极富戏剧性的事情，差点引发了一次火刑。劳伦斯·琼斯——一个黑人讲师，差点被烧死。现在那所学校今天可算是全国皆知了，可是下面要说的这件事情却发生在很早以前。在第一次世界大战期间，一般人的感情很容易冲动的时候，密西西比州中部流传着一种谣言，说德国人正在唆使黑人起来叛变。那个要被他们烧死的劳伦斯·琼斯就是黑人，有人控告他激起族人的叛变。一大群白人一直在教堂的外面，他们听见劳伦斯·琼斯对他的听众大声地叫着："生命，就是一场战斗！每一个黑人都要穿上他的盔甲，以战斗来求生存和成功。"

这些年轻的白人趁夜冲出去，纠集了一大伙暴徒，回到教堂里来，拿一条绳子捆住了这个传教士，把他拖到一里以外，让他站在一大堆干柴上面，并燃亮了火柴，准备一面用火烧他，一面把他吊死。这时候，有一个人提议在烧死他以前，让这个喜欢多嘴的人说话。劳伦斯·琼斯站在柴堆上，脖子上套着绳圈，为他的生命和理想发表了一篇演说。他在1907年毕业于爱德华大学，他那纯良的性格和学问，以及他在音乐方面的才能，使得所有的教师和学生都很喜欢他。毕业以后，他拒绝了一个旅馆留给他的职位，也拒绝了一个有钱人愿意资助他继续学音乐的计划。

因为他怀有非常高的理想，当他阅读布克尔·华盛顿传记的时候，就决心献身于教育工作，去教育他那一族里贫穷而没有受过教育的人。所以他回到南方最贫瘠的一带——密西西比州杰克镇以南 25 里的小地方，把他的表当了 1 块 6 毛 5 分钱后，就在树林里用树桩当桌子，开始了他的露天学校。劳伦斯·琼斯告诉那些愤怒的、等着要烧他的人，他所做过的各种奋斗——教育那些没有上过学的男孩子和女孩子，训练他们做好农夫、厨子、家庭主妇。他谈到一些白人曾经协助他建立这所学校，那些白人送给他土地、木材、猪、牛和钱，帮助他继续他的教育工作。

劳伦斯·琼斯的态度非常诚恳，也令人感动。他丝毫不为自己哀求，只希望别人了解他的理想。那一群暴民开始软化了，最后，人群中有一个曾经参加过南北战争的老兵相信了他说的话，因为他认得那些他提起的白人。大家明白了，他是在做一件好事，应该帮助他而不该吊死他。那位老兵拿下他的帽子，在人群里传来传去，从那些预备把这位教育家烧死的人群里，募集到 52 块 4 毛钱，交给了琼斯。

后来有人问劳伦斯·琼斯，他会不会恨那些把他拖出来准备吊死和烧死他的人？他回答说：他忙着实现他的理想，没有时间去恨别人——他在专心地做一些超过他能力以外的大事，没有时间去跟人家吵架。他说，他没有时间可以后悔，也没有哪一个人能强迫他到恨那个人的地步。平静与祥和可以使我们做一些从前认为做不到的事情，例如消除愤怒，原谅所有的人。而后你会发现，其实那些争执无关紧要的。

适应者赢得成功

瞄准人生目标

比尔·盖茨说："如果你一事无成，那不是你父母的过错，所以不要只对自己犯的错误发牢骚，要从错误中吸取教训。"而成功者与失败者之间的差异，不在于他的境遇，而在于他选择从什么角度去看自己，从哪方面开始行动。

人生的乐趣存在于一切日常生活中，存在于一切为了成大事而采取的自我改造之中。作为个体的人来说，要给自己确定一个努力的方向——人生的定位。

要改变自己，必须及时给人生定位。先要认清自己，将自己摆在整个社会的宏观世界之中，了解自己所在的位置；下一步就要以你现在所处位置为基础，为自己设立一个更高层面的定位。这也就是我们通常所说的改变劣势的目标与理想。

由于每个人的人生观及价值取向都会因其文化背景、生活环境、宗教信仰等方面的影响而有所不同，因此，每个人的人生定位也会大相径庭，所要求的人生目标也会大为不同。所以，正确地确立自己的人生定位，是非常重要的，而基于自己的目标与梦想将会引导我们踏上成功的阶梯。

华伦·巴菲特是证券经纪人之子，从小就生财有道。他曾在当地高尔夫球场上搜集可卖的二手高尔夫球。后来他又送过报纸……

但他迷的是股票，他知道那时股票并不是很多人都感兴趣的。他把股价走向制成图表，观察涨落趋势。在 21 岁时，巴菲特从各项投资中赚进了 9800 美元；他日后赚进的每一块钱，几乎都源自这笔资金。

后来他进入哥伦比亚大学商学研究院，得到著名教授本杰明·葛瑞翰的启迪，对投资之道就此开窍。葛瑞翰认为，若仔细研究公司发布的数据，分析它的收益、资产、成长率，就可以发现该公司市场股价之外的实际价值。诀窍是：在股价低于公司实际价值甚多时买进，并估计股价必会在市场里调整到应有价格。用巴菲特自己的话说："别人小心谨慎的时候，你要贪；别人贪的时候，你要谨慎。"

大学毕业后不久，巴菲特和妻子苏西在他祖父的杂货店附近租了一幢房子，召集了7名近亲好友为小股东，成立了巴菲特联合企业公司。1962年，他已拥有多家不同的企业，总资产将近720万美元，其中100万美元用于巴菲特夫妇。两年后，他管理的公司总值2200万美元，他个人的净资产值近400万美元。

巴菲特对股票研究的热情，使他在投资人中显得卓尔不群。他阅读枯燥的企业书籍，起劲得有如小孩看漫画。看报纸的金融版，他每一行都不放过。

他不仅能独立思考，而且专心致志于事业。在奥马哈，每到黄昏，他会去商店买份刊有股市收盘价格的当地晚报。回到家，又阅读一大叠公司年报。

同时，他以嗜数若狂出名。至今，他记数字的能力仍令同事吃惊。他谨守两项黄金原则：第一绝不怕钱；第二绝不忘记第一项守则。

有一次几个朋友打高尔夫球，一名保险公司主管提议：设下赌注，每注11美元，谁能一杆进洞，他愿意赔10000美元。大家闻言后纷纷掏钱，巴菲特却不为所动。他已仔细分析过了，就一杆进洞的概率看来，赔10000美元并不算多。他衡量11美元和衡量1100万美元一样，决不轻易下赌注的。他说："玩扑克的时候，放眼看一看，你总会看出一个冤大头；如果看不出，那么冤大头就是你自己。"

巴菲特今天的生活跟他在奥马哈童年时并无二样，他的动机明确而坚定。他曾经说："金钱对我来说并不重要，而赚钱的过程，即不断接受挑战才是乐趣。不是要钱，

✹习惯点滴✹

一个人要坚定地去追求自己所需要的东西，不管遇到什么样的坎坷和什么样的曲折，都一如既往地去追求，这是成功者应具备的基本生活态度。

赚钱，看着钱滚钱才是乐趣。"

巴菲特的成功靠的是不寻常的选择，靠的是自己独立思考和准确的定位。

人的生活中有成功，也有失败，我们要客观地认识自己。因此，作为一个想做大事业的青年人，对自己要有正确的认识。

而确立人生定位战略是为了人生的幸福，也因为它，才使人生过得更加有意义。改变自己的一生，赋予其更重要的梦想、目标以及价值观，就是自己的人生定位，亦即人生的最高战略。也就是说，无论是在工作上、学习上以及个人生活上，人生幸福的意义，都是由设定最高的战略目标开始的。

一个想要摆脱生存困境、改变自己生存劣势的人，在人生定位这个问题上必须要有准确的判断，要能在自己最喜欢的"行当"里面淋漓尽致地发挥优势。只有如此才能拯救自己。否则，入错了行，你就会在很多人面前处于下风，处处感觉到自己处于劣势状态。

热忱是成功的动力

要想获得这个世界上的最大奖赏，你必须拥有许多伟大的开拓者将梦想转化为全部有价值的献身热情，以此来发展自己最大的潜能。

热忱和人类的关系，就好像是蒸汽和火车头的关系，它是行动的主要推动力。人类最伟大的领袖就是那些知道怎样将他的热忱和你的工作混合在一起，那么，你的工作将不会显得很辛苦或单调。热忱会使你的整个身体充满活力，使你只须在睡眠时间不到平时一半的情况下，工作量达到平时的 2 倍或 3 倍，而且不会觉得疲倦。

多年来，拿破仑·希尔的写作大都在晚上进行。有一天晚上，当拿破仑·希尔正专注地敲打打字机时，偶尔从书房窗户望出去——他的住处正好在纽约市大都会高塔广场的对面——看到了似乎是最怪异的月亮倒影，反射在大都会高塔上。那是一种银灰色的影子，是他从来没见过的，再仔细观察一遍，拿破仑·希尔发现,那是清晨太阳的倒影,而不是月亮的影子。原来已经天亮了。他工作了一整夜,但太专心于自己的工作,使得一夜仿佛只是 1 小时,一眨眼就过去了。之后,他又继续工作一天一夜,除了期间停下来吃点清淡食物以外,未曾停下来休息。

如果不是对手中工作充满热忱,而使身体获得了充分的精力,拿破仑·希尔不可能连续工作一天两夜,而不觉得疲倦。

热忱并不是一个空洞的名词,它是一种重要的力量,你可以予以利用,使自己获得好处。没有了它,你就像一个没有电的电池。

热忱是股伟大的力量,你可以利用它来补充你身体的精力,并培养出一种坚强的个性。有些人很幸运地天生即拥有热忱,其他人却必须努力才能获得。培养热忱的过程十分简单。首先,从事你最喜欢的工作,或提供你最喜欢的服务。如果你因情况特殊,目前无法从事你最喜欢的工作,那么,你也可以选择另一项十分有效的方法,那就是,把将来从事你最喜欢的这项工作,当作是你的明确目标来追求。

缺乏资金以及其他许多种你无法当即予以克服的环境因素,可能迫使你从事你所不喜欢的工作,但没有人能够阻止你在自己的脑海中决定你一生中明确的目标,也没有任何人能够阻止你将这个目标变为事实,更没有任何人能够阻止你把热忱注人到你的计划之中。

如果你希望自己散发出热心,就让你自己生活在那些对生命机警有活力而且清醒的朋友的影响之中。每一个团体都有这种人,他可能就在我们身边。

如果你有热情,几乎就所向无敌了。

要是你没有能力,却有热情,你还是可以使有才能的人聚集到你身边来的。假如你没有资金或是设备,若你有热情说服别人,还是有人会回应你的梦想的。

热情就是成功和成就的泉源。你的意志力、追求成功的热忱和热情愈强,成功的机率就愈大。

影响成功的因素有很多,而其中最为重要的就是热忱和积极进取的心态。

没有这种心态，无论你有多大能力，都发挥不出来。

　　热情可使你释放出潜意识的巨大力量。大多数的心理学家都同意，潜意识力量要比有意识的力量大。一家小公司不可能梦想很快就招募到一批奇才。但是，我们相信，如果发挥潜意识的力量，即使是普通人也能创造奇迹。热忱常能带来成功。但如果热忱是出于贪婪或自私，成功也许就会如昙花一现。如果你对正义毫无感觉，凡事都以自己为出发点，同样的热忱也许一开始会让你尝到成功的甜头，最后还是不免倒下。

　　能否成功，最后还是要看我们潜意识里的欲念是否单纯。

　　最理想的情况莫过于去除我们自身的自私，凡事利他助人，并且单纯地希望增进人类和社会的幸福。但是对我们这些凡人而言，要根除自私自利与贪婪是不可能的。对于这点，我们不用觉得羞愧。以自我为中心的欲念是我们得以生存下来的机制。然而，我们也要试着去控制这种欲念。至少我们该转移工作目标：我们不光是为了自己而工作，更是为了群体。把工作目标从自己身上转移到他人身上，欲念就会变得单纯。最后，单纯的心念必然能占上风。

　　在人的一生中，做的最多和最好的那些人，也就是那些成功人士，必定都有单纯的意念，积极的进取心态。既使两个才能完全相同的人，必定是更具热情的那个人会取得更大的成就。

不要只想不做

　　我们不能逃避现实，而应当改变环境；不能等待机会，而应当创造优势；英国有句谚语："不想不做不错，而只想不做就不能。"我们仍没有想到事情，也就无法做，这当然不是错误，但我们想到了，而不去做，则是个错误。

现实是此岸，理想是彼岸，中间隔着湍急的河流，行动则是架在川上的桥梁。行动才会产生结果。行动是成功的保证。任何伟大的目标、计划，最终必然落到行动上。

我们从小就读过这样一则古代寓言："蜀之鄙有二僧"——

在四川的偏远地区有两个和尚，其中·个贫穷，一个富裕。

有一天，穷和尚对富和尚说："我想到南海去，您看怎么样?"

富和尚说："你凭借什么去呢?"

穷和尚说："我一个水瓶、一个饭钵就足够了。"

富和尚说："我多年来就想租条船沿着长江而下，现在还没做到呢，你凭什么去?"

第二年，穷和尚从南海归来，把过南海的事告诉富和尚，富和尚深感惭愧。

穷和尚与富和尚的故事讲述一个简单的道理：说一尺不如行一寸。

先行动起来，在行动中去检验去完善。

许多人做事都有一种习惯，非等算计到"万无一失"，才开始行动。其实，这是"惰性"在作祟，周密计划只不过是一个不想行动的借口。首先，生活中、工作中的目标，并非都是"生死攸关"，即使贸然行动，也不会有什么大不了的事发生；其次，目标是对未来的设计，肯定有许多把握不准的因素，目标真的适合自己吗，其可行性如何，也只有在行动中才是最好的检验。

"穿上鞋子才知道哪里夹脚"，还是先行动起来。

没有行动，心态不可能积极，目标不可能清晰。

几十年前，一位青年住在美国犹他州的首府盐湖城，靠近大盐湖。

"他是一个勤勉的人，工作非常努力，生活非常节俭，他的所有朋友都对他的良好习惯赞不绝口。

然而有一天，他做了一件反常的事，使得许多人都对着他摇头，怀疑他的判断是否明智。

他从银行里取出他的全部积蓄，一共有4000多元，到纽约市汽车展销处，买了一部新车。在人们看来，仅此似乎还不足以显示他的"愚蠢"，因为当他把新车开回家后，就把车开进他的车库里，顶起4个车轮，动手拆卸汽车，一件一件地拆，直到整个车库摆满七零八落的汽车零件。他仔细地检查了每个零件，然后又把汽车装好。人们觉得他简直发疯了，而他却不只一次的拆卸汽车，再把汽车装好。

大惑不解的人们开始嘲笑他了。

几年后，那些嘲笑过他的人不得不改变看法，并已深信不疑——他有明智的见识。

这个反复动手拆装汽车的青年就是沃尔特·拍西·克莱斯勒。

他开始制造汽车了，他的产品领导了整个汽车工业，他在汽车这个领域里还做了许多有价值的改进和革新，他成功了。

鲁迅说："世上本无路，走的人多了，便成了路。"路不是说出来的，否则永远走投无路。害怕走弯路，永远不会成功，一步一个脚印地走下去，才是创新的技巧。

思维时如果只有一个视角，这个视角是最容易引人误入歧途的。

那些被世界称誉为伟大的人物，之所以比普通人优秀，不外乎他们具有创新工作的习惯。

坚强的人懂得培养自己的恒心和毅力

霍金奇从小受到父母影响。她的父亲是考古学家，母亲有很深的植物学知识，因此，幼年的霍金奇对矿物和植物有着浓厚兴趣。她在家中的顶楼给自己搭了个实验室，模仿大人做实验。那时，X射线结晶学的开山鼻祖威利姆·布拉格曾经写了一本面向儿童的科普读物。就是在这本书的引导下，霍金奇知道了人类可以利用X射线看到一个个的原子和分子。后来她在大学学习了X射线的衍射方法，并在毕业论文中论述了某元素有机化合物的结构。该论文发表在

《自然》杂志上。

以后，在剑桥大学工作期间，她又继续向胃蛋白酶和胰岛素的 X 射线衍射挑战。她在自己从小就崇拜的威利姆·布拉格的指导下，后来成为用 X 射线结晶学解析生物化学结构的第一人。

认准目标的霍金奇决定，对世界上刚刚提取出来的生理活性物质如淄醇类物质、青霉素、维生素 B12 等，逐个用 X 射线解析法测定其空间结构。她获得了成功。1964 年，她因这些业绩被授予诺贝尔化学奖。

她为什么能测定出生理活性物质的空间结构并且获诺贝尔奖呢？

她的确应该感激幼年时读到的科普读物，这些读物使她几乎没有犹豫就走上了研究 X 射线衍射的道路，使诺贝尔奖级的课题直接向着自己飞来；全神贯注地沿一条路走下去，这也是接近诺贝尔奖的方法之一。获奖后，她得到了不授课、不做指导老师、专门从事研究的教授地位。这样，她避免了在教学事务上消耗时间，一心一意地钻研胰岛素的 X 射线衍射。1969 年，她终于阐明了胰岛素的三维结构。

决定创业的人未必都能立即获得成功，有些人往往要花上一大段时间，才能让别人接受其特殊的风格和观点。有趣的是，在大多数的情况下，带给这些人金钱与地位的，往往不是他们自以为是、拼命努力要人认可的特点，而是他们抓紧一个方向，锲而不舍，终于让他们在那一行出人头地的执著。

海伦·凯勒——超越障碍的能力

是命运或是冥冥之中的那只手，在左右着我们的幸与不幸。

对于自己的骨肉，其健康、聪明乃至天赋我们往往是无法选择的，许多不幸的父母生养了天资差或者身体有缺陷的孩子，这是一种风险：究竟永远地

"不幸"下去，还是转"不幸"为"幸运"呢？

经历风险并不足以为幸，但体验风险并在风险中创造出最佳生养教育的方式当是一种比不经历风险更神奇的喜悦！

对于"残疾"的孩子，我们又该如何去做呢？

即使自己的孩子并不是有缺欠的，其独特的珍惜与庆幸又该从何处借鉴呢？

海伦·凯勒的童年与家教经历给不正常孩子的父母一片晴朗天空，同时也给正常孩子的父母一份警示。

海伦·凯勒，一个享誉世界的名字。

她也许应该是世界上可抱怨最多的人，海伦一岁半的时候，一场重病夺去了她的视力和听力，随着又丧失了说话的能力。

然而就在那黑暗又寂寞的世界里，她竟然学会了读书和"说话"，并以优秀的成绩从哈佛大学毕业，成为一名学识渊博、掌握英、法、德、拉丁和希腊五种文字的著名作家和教育家。

她走遍美国各地和世界许多国家，为盲人学校募集基金，把自己的一生献给了盲人福利和教育事业，赢得了各国民众的赞扬，并得到了许多国家政府的嘉奖。

1959 年联合国曾发起"海伦·凯勒"世界运动。

马克·吐温说 19 世纪出了两个杰出人物：一个是拿破伦，一个是海伦·凯勒。

海伦·凯勒的成功是一个奇迹，它为残疾儿童的成长照亮了道路，也为所有孩子的成长提供了启示。

那么，这个奇迹是怎样创造出来的呢？它是老师安妮·莎莉文崇高的献身精神和科学教育方法的硕果；是与家人的挚爱分不开的；它得益于无数人的关怀和帮助；它更来自于海伦·凯勒发奋图强的精神和坚韧不拔的毅力。

爱是什么

很多人也许会认为海伦·凯勒的世界是一片黑

暗与寂寞，其实海伦的世界充满了光明与温暖。

因为有爱存在，是爱点燃了海伦的生命之火。

几乎人人都知道爱，都感受过爱。海伦是不幸的，但她又是最幸福的，因为她得到的爱比任何人都多。

海伦是残疾人，而且脾气暴躁，稍不如意就满地乱滚，大哭大叫；她常常乱摔东西，家里被她摔坏的东西不计其数，她还经常搞恶作剧。有一次，把妈妈锁在屋子里，把钥匙藏起来，不管谁问她也不拿出来，独自坐在楼梯上笑。

面对这样一个小女孩，家里人谁也没有嫌弃她，都把她当作掌上明珠，人人都让着他，尽量保护她，不使她受到伤害。

母亲对海伦异常的温存，她常常带些早熟的葡萄和樱桃给海伦吃，领她在自家的花园里散步，母女俩手牵手，从这棵树走到那棵树，从这片花坛走到那片草丛。被阳光照着的青苔在海伦的脚下细声细气的呻吟，海伦踏在这柔软的地毯上，总是欣喜得脸上露出兴奋的光彩。母亲也伴之偷快的微笑。

海伦识字后，父亲常给她讲故事，每天吃完晚饭，海伦就依偎在父亲的怀里，让他用手指在她的手上慢慢的写，从现在的人类追溯到远古的动物，从埃及的金字塔到瓦特的蒸汽机，这些都深深地吸引了小海伦。

后来，当海伦离开家后，全家人经常去看她或写信给她，不断地鼓励海伦，为她的进步欢呼。这平凡而又伟大的爱，为海伦黑暗的世界点燃了一盏明灯，让她体验到了生活的乐趣。

海伦·凯勒是个奇迹，而这奇迹有一半是安妮·莎莉文创造的。曾经是个盲女的安妮，深深地懂得海伦的世界，为了把海伦教育成人，她献出了自己的青春乃至生命。

伟大的灵魂无不来自伟大的创造者，而伟大的创造者无不具有伟大的灵魂。

安妮的爱是无私的，这是爱的真谛，它像基因一样被复制到了海伦身上。海伦十岁时，听说一个名叫汤米·斯特林格的盲聋孩子失去了温暖的家，被收留在贫民所里。海伦很不安，她写了很多信，纷纷寄给认识的或来看过她的那些知名人士和学者，请求他们为小汤米能获得受教育的机会出一点力。同时她自己也把准备买一条赛特狗的钱全部贡献出来。在海伦的帮助下，小汤米进入了柏金斯盲童幼儿园。

曾经给予海伦爱的人太多了，上至总统、高官、作家、科学家，下至平民百姓、老师、同学，海伦一直都遗憾不能全部记下他们的名字。总统送海伦去博物馆，允许她触摸那些人类智慧的结晶；布鲁克思主教给海伦讲述上帝的故事，告诉她"有一种无所不在的宗教，也就是爱的宗教。以你整个的身心爱你的天父，尽你所能，爱上帝的每个儿女"；马克·吐温鼓励她去写作，并给她以物质上的帮助；有的老师为了让海伦听好课，亲自去学习盲语……无数的爱像大海一般浸润着海伦，海伦懂得这是整个人类的爱，她要把爱撒向上帝的每个儿女。

她告诉失明的人们："你们能够重新学会读书工作；你们应立志使自己成为世界中有用的一员。"她的许多优秀的作品为那些精神上饥渴的人送去了甘泉和食粮。她终日奔波于世界各地为那些不幸的人疾呼。这就是爱，普照人类的光芒，要想得到爱，只有先赋予别人爱。

世间最好的老师

作为海伦·凯勒的老师，安妮·莎莉文的奉献精神值得每个人学习。而作为一名家庭教师，她为家庭教育提供了许多科学的启示。

首先，在开始进行教育之前，要有认真的态度和充分的准备，即使是孩子的亲生父母。

海伦·凯勒的那场病使她的父母猝不及防，当海伦变成残疾人后，他们给予海伦的只有爱，却不知用什么方法去教育她，结果使海伦变得任性、暴躁。

安妮刚从盲校毕业就接受了教育海伦的任务。她并没有着急开展工作，而是花了几个月的时间进行准备。她找来了塞缪尔·豪博士关于教育一名盲聋儿童的教育方法与过程的记录，天天捧着那些厚书潜心地阅读，思考。赛缪尔·豪的宝贵遗产无疑为安妮对海伦的启蒙教育带来了极大的益处。

面对海伦的骄横无礼，安妮采取了强硬的手段，取得了很好的效果。

　　安妮同海伦的母亲进行了一次坦率的谈话。她说海伦的脾气这么坏是根本无法教她学习的。因为她的残疾，家里人都不愿伤害她，总是娇惯她，让她随心所欲；只要她高兴，爸爸妈妈克服多大麻烦也心甘情愿，吃饭时海伦甚至可以围着桌子转，把手随意伸进他们的盘里抓她想吃的东西。这些固然都是父母对女儿的怜爱，但却把海伦娇惯得不成样子。

　　安妮鼓足勇气向海伦的母亲建议说："您是否能让我带海伦离开家单独生活一段时间，以便让她学会依靠和服从于我。"

　　海伦的父母考虑了好几天，才答应了安妮。这样安妮带着海伦搬到了离家几十米远的一间房子里。

　　海伦一开始还很高兴，可吃饭时就撅起了嘴，安妮强迫海伦坐好吃饭，还不准她独吞别人盘里的好东西。

　　海伦从没受过这样的委屈，她大发雷霆，把勺子摔到地上，用脚踢着桌子撒起娇来。她还钻到安妮的椅子底下用力向上顶，坚持了几个小时，最后"咕咕"叫的肚子才让海伦不得不接受安妮的命令，从地上捡起勺子，洗干净，老老实实地坐好吃了饭。

　　海伦的妈妈因此责备安妮无情。然而安妮却坚定地说："我们必须让海伦懂得我们是爱她的，同时我们也要让她意识到，不能因为她自己又瞎又聋可以与众不同。她也必须像别的孩子一样懂礼貌，守规矩。"

　　夜幕降临了，闹得疲惫不堪的海伦搂着玩具娃娃昏昏欲睡，突然她猛地意识到今夜伴在身旁的不是妈妈而是老师时，就立刻扯开嗓门大哭起来。安妮怕她着凉，给她盖上被子，可她却一次次地把它蹬开，没完没了的哭声在小屋里回荡，吵得安妮心烦意乱，她索性不再理睬海伦，由她去闹，看她能折腾到什么时候。海伦的任性和固执远远超出了安妮的预料，从大声嚎哭到低声啜泣，再经过时断时续的哼哼，等到屋子里重新陷入寂静时，已是凌晨两点了。

　　爸爸每天下班后都来和海伦玩一会。才几天的功夫他就发现女儿的性情有了变化，变得日益安静和有礼貌了，并且海伦很听安妮的话，开始学会主动用几个文字符号要她想要的东西了。饿了她会写"Cake"，渴了她会拼"Milk"。

安妮也许太严厉了，但只有这样才能改掉海伦的坏毛病。这让我们想到了一个问题，为什么许多父母总不能狠下心来对付孩子的坏毛病呢？因为有一种血缘纽带，"孩子就是父母身上的肉。"这很危险，作为父母必须跳出这种束缚，客观地看待子女的教育。

安妮在教授海伦知识时，并没有采取灌输的方式，而是采取轻松、有趣、生动的方式。

安妮和海伦牵手漫步在林间小径上，她断断续续在海伦手上写着树木与花草的名称，她知道海伦全然不懂她写什么，但她对于潜移默化、水到渠成的认识规律是深信无疑的。

一天上午，安妮教海伦"Cup"（杯子）和"Water（水），无论她怎样做手势，海伦始终分不清两个字的意思，于是安妮领海伦到院子里散步，她们来到水井旁。安妮把海伦的手放在水管口上，然后开始压水。当一股清凉的水从海伦的手上流过时，安妮便在她的另一只手上写出了"Water"。

瞬间，海伦呆住了，她全神贯住地感觉着安妮手指的动作，一遍、两遍，突然她领悟道："Water"正是从自己手中流过的清凉的东西。

安妮注意到，一种从未有过的新奇表情正明显地浮现在海伦的脸上。

果然，海伦马上用手指写了几遍"Water"，然后又指指地面。

"她在问字！"安妮兴奋得狂跳起来。她马上按海伦的意思，在她手上拼出"Ground"。

海伦终于明白了：无论什么都有它自己的名称，在手上写的每一个字都代表着正摸着或指着的那个东西、那个人。

在教授盲文时，安妮也没有让海

伦一个字一个字的背，而是把所有的家具、玩具乃至花草都挂上写有盲文的小指条。它们好像在跟海伦捉迷藏，她摸呀找呀，就这样在兴致勃勃的游戏中，她很快就熟记了很多字。

毅力——海伦的钢铁长城

海伦在一生中遇到了太多的困难、苦难，失败一次次地打击她，但她从没有倒下过，因为她有自己的钢铁长城——毅力。

为了能自如地跟外界交流，海伦决心学习唇读。

唇读就是把自己的手指放在别人的嘴唇上，凭此弄清对方说的是什么。这完全是靠手指去观察说话人的嘴唇，感觉对方喉咙的颤动、嘴的运动和面部表情，而这往往是不准确的，遇到这种情况，海伦就迫使自己反复练习那些发不好音的词和句子，有时一个词要练几个小时，甚至更久。

她常常累得连手都抬不起来，浑身没一点力气，但她告诉自己："练习、练习、再练习，再坚持一会儿就能让我敬爱的人看到我的进步。"于是海伦又抬起自己的手指。

海伦如此坚强的毅力从何而来呢？

来自于爱，周围人对她的爱给了她无限的动力和勇气，当遇到困难时，海伦就感觉到无数眼睛在盯着她，她告诉自己"要让我敬爱的人看到我的进步。"

来自于求知的欲望。没有知识，海伦将永远生活在黑暗与寂寞之中。了解世界，让世界了解我，接受我，再献出自己的爱，这些都需要知识，而海伦决不愿生活在黑暗之中。

来自于不断的锤炼。从一岁半开始，无数的磨难就降临到海伦身上，连走路都可能撞得鼻青脸肿。但这也是一种财富，无数的磨难把海伦的毅力磨砺得如钢铁一般。

海伦的童年与教育积淀了人类精神史上的一座丰碑，其价值直至今日仍然闪耀着理性家教的光芒：

首先，父母送给孩子的第一个礼物就是爱，无私的爱。孩子只有生活在一个充满爱的世界里，才能懂是什么是爱，才能培养起正常的、健康的心态。许多人就是因为幼年家庭的冷漠，或由于父母的离异等种种原因不能品尝到爱的滋味，在幼小的心灵上蒙上了一层阴影，从而很难形成一种积极向上的心态。

其次，作为教育家（包括父母在内），只献出爱心是不够的，对孩子的教育要有充分的准备；要通过书籍、影视及向成功者学习等途径获得一些必要的知识，要在实践中不断积累经验教训；要善于听取别人的意见。在家教中，有一点十分重要，那就是许多家长被一根血缘的纽带束缚住了，往往不愿或不敢对孩子采取比较强硬的手段，从而导致溺爱，海伦的童年就是一个例子。

作为家长应该像安妮那样既要爱进去，也要跳出来，用客观的、长远的眼光看待孩子的教育问题，绝不可只凭主观去做。

另外，一个人的成功最主要的因素还是自己，如何培养孩子去面对困难和挫折是一个重要的问题，尤其对那些生理有缺陷的儿童就更重要了。

我们要尊重他们，把他们当作健全人看待，让他们认识到自己的优点和长处；要多给他们机会，甚至要高于正常人，让他们去独立面对困难，靠自己的力量去解决；在他成功后，要不断鼓励他，让他树立起信心。

但他们毕竟有自己的劣势，让他们有一些危机感，也会成为一种动力，以勤补拙，也是残疾人扭转劣势的必要手段。

习惯养成第九课：
把缺憾变成前进的动力

自身的缺憾往往是难以更改的事实，任何企图掩盖或回避缺憾的做法都可能引来消极的结果。尝试着直视缺憾，并把它当作是奋斗的动力，即使有缺憾，你也可以获得成功的快乐。

美国最受爱戴的总统罗斯福8岁时，他的身体虚弱到了极点，呆滞的目光，露着惊讶的神色，牙齿暴露唇外，不时地喘息着。学校里的老师，唤他起来读课文，他便颤巍巍地站起，嘴唇微张，吐音含糊而不连贯，然后颓然坐下，生气全无，简直是低能儿童的典型。而世界上像他同类的儿童不知有多少，大都是这样的神经过敏，如果稍受刺激，情绪便受影响，处处恐惧畏缩，不喜交际，顾影自怜，毫无生趣。但罗斯福并不如此，他虽有天赋的缺憾，同时他也有奋斗的精神，他抱定人定胜天的信心，克服他天生的缺憾，而不为其所屈服。

他是怎么样去克服天生的缺憾呢？罗斯福总统所用的方法是积极的，而非消极的，他不静等幸运之神自至，而是努力追求幸运。他毫不自馁于天赋的贫薄，反而利用它作为通往成功的基石。他绝不怨恨先天的缺憾，而使自己愁苦，更不姑息他身体的虚弱，一味地疗养，不单单只从喝药水，受注射，或避居山林，邀游海上，以恢复他的健康。他却采取积极的锻炼，以达到他的目的，他要和别的健康的孩子一样，活泼地去骑马，划船和做剧烈的运动。他用坚毅的态度，对付他畏怯的天性，用忍耐的精神，克服他先天的赋予。处处以快乐和蔼对待人们，他先要除去怕羞、畏缩和不喜交际的个性。

果然在他入大学之前，他已获得大大的成功。此时他已是人们乐于接近，一个精神饱满，体力充沛的青年了，他经常在假期中，到亚烈拉去追逐野牛，到洛矶山狩猎臣熊，以及到非洲大陆去袭击狮子，终至他胜任军队的艰苦生活，带领马队，在与西班牙的战争中，功绩显赫。

罗斯福总统的成功，不但因为他有刚毅的精神，不为天赋的缺憾所屈服，更因为他有自知之明，他深知自己的缺陷，何者可以克服，何者应予利导，他自知虚弱、畏怯，可以克服，而语言、态度，必须因势利导，他学习假嗓音，在演讲时运用，虽然齿露于外，及身躯颤抖等小节，未能尽合演讲的技术，更没有洪钟般的声音，但他的惊人辞令，使之仍是令人信服有力量的演说家之一。所以，我们应有自知之明，并且建立自信，你若不能辨明自己的缺点所在，而一意孤行，那就成了被人所讪笑的愚人了。

很多人都有这样或那样的缺憾，甚至是生理缺陷。

有些人也许会问："老天生来就待我不公，我生下来就有生理缺陷，那我

该怎么办呢？"如果你属于这类"不幸者"，那就想想海伦·凯勒的人生经历吧！有谁能比一个又聋、又哑、又瞎的女孩更为不幸的呢？可她成了美国著名的作家。也许你又觉得这是世上仅有，那就让我们看看下面这则平凡人物的故事吧！

有一个名叫丹普赛的孩子，他生下来就是一位畸形人，四肢不全，只有半边右足和一只右臂的残端。作为一个孩子，他想跟别的孩子一样从事运动。他喜欢踢足球，他的父母就给他做了一只木制的假足，以便使他能穿上特制的足球鞋。丹普赛一小时接着一小时，一天接着一天地用他的木脚练习踢足球，努力在离球门愈来愈远的地方将球踢进去。后来，他变得极负盛名，以至新奥尔良的圣哲队都愿意雇他为球员。

一次，当丹普赛用他的跛腿在最后两秒钟内，在离球门63码的地方破网时，球迷的欢呼声响遍了全美国。这是职业足球队当时踢进的最远的球。这次比赛，圣哲队以19比17的比分战胜了底特律雄狮队。

底特律雄狮队的教练施密特说："我们是被一个奇迹打败的。"对许多人来说，这的确是一个奇迹，"丹普赛并不曾踢中那个球，那球是上帝踢中的。"底特律雄狮队的后卫沃尔凯说。

丹普赛的确创造了奇迹。

不论你在生理上是否有残疾，不论你是儿童还是成人，从丹普赛的故事中，你都能从中得到以下启示：

那些能够产生强烈的愿望以达到崇高目标的人，才能走向伟大。

那些以积极的心态不断努力的人，才能取得并保持成功。

在人类的任何活动中，要变成一个成熟的成功者，就必须在实践中实现。

当你有了特殊目标时，努力和奋斗就会变成乐事。

对那些被积极的心态所激励，要成为成功者的人来说，伴随着任何逆境，都会同时产生一粒等量或更大利益的种子。

要学习和应用这些原则，将我们自身的法宝上印有"积极心态"字样的那一面翻上来。

亨利写过这样的诗句："我是命运的主人，我主宰自己的心灵。"

是的，只有你才是自己命运的主人，只有你才能把握自己的心态，而你的心态塑造着自己的未来，这是一条普遍的规律。我们能够把扎根于人的心灵中的思想和态度转化成有形的现实，不管这种思想和态度是什么。我们能很快地把贫穷的思想变成现实，也同样能很快地把富裕的思想变成现实。